普通高等教育"十三五"规划教材

园艺植物与美食

吴 澎 周 涛 主编

YUANYI ZHIWU
YU MEISHI

化学工业出版社

·北京·

《园艺植物与美食》将园艺植物与传统美食知识有机融合，从食品资源开发和利用的角度来介绍园艺植物与食品的发展历史，在对园艺植物食用部分进行说明的同时，还概述了其食用价值，并以其食用部位为分类依据，对传统美食的食材选用、菜肴做法等知识进行说明。本书列举了常见的家居园艺植物美食与饮食禁忌，也对潜力园艺植物美食的开发进行了阐述，使读者在了解我国传统园艺植物美食的同时，也能更好地掌握其加工方式，以拓展食物资源的利用途径，提高其实际利用率。

《园艺植物与美食》内容深入浅出，难易适度，实用性强，学术性与普及性兼顾，主要适用于高等院校食品科学与工程、园林、园艺、烹饪和营养教育专业师生的选修课教材或作为相关专业的自学考试用教材，也可供园艺植物、美食爱好者参考用书。

图书在版编目（CIP）数据

园艺植物与美食/吴澎，周涛主编． —北京：化学工业出版社，2017.9

普通高等教育"十三五"规划教材

ISBN 978-7-122-30350-9

Ⅰ．①园… Ⅱ．①吴…②周… Ⅲ．①园林植物-高等学校-教材②饮食-文化-中国-高等学校-教材 Ⅳ．①S688②TS971

中国版本图书馆CIP数据核字（2017）第181286号

责任编辑：尤彩霞　　　　　　　　　　　　　　装帧设计：史利平
责任校对：王　静

出版发行：化学工业出版社（北京市东城区青年湖南街13号　邮政编码100011）
印　　装：三河市延风印装有限公司
787mm×1092mm　1/16　印张11¼　字数282千字　2017年11月北京第1版第1次印刷

购书咨询：010-64518888（传真：010-64519686）　售后服务：010-64518899
网　　址：http://www.cip.com.cn
凡购买本书，如有缺损质量问题，本社销售中心负责调换。

定　　价：35.00元

普通高等教育"十三五"规划教材

《园艺植物与美食》编写人员

主　　编　吴　澎　周　涛

副 主 编　蓝蔚青　王丽玲

参　　编（按汉语拼音排序）

樊爱萍　傅茂润　黄梅桂　刘兴洋　刘亚平

刘永峰　苗　颖　彭　强　齐　丽　宋晓庆

杨凌宸　姚广龙　曾晓房　张宏康　赵西梅

郑鹏飞

前言
PREFACE

美食，顾名思义是指美味的食物。我国素有"烹饪王国"的美誉，美食种类繁多，加工形式多样，从最初的"羊大为美"到后来的色香味形俱全，美食已不仅仅是简单的味觉感受，更是一种精神享受。食材不论贵贱、加工不论繁简，只要符合现代食品安全营养标准、能引发个体身心愉悦的食品均可称之为美食。

近年来，随着科学技术的发展与生活水平的提高，人们已不再局限于餐桌上的山珍海味，逐渐开始将目光转向绿色、天然、发展前景广阔的园艺植物。园艺植物是一类供人类食用或观赏的植物，人们从生产管理、营销等角度考虑，将用途或生产等方面相同或相近的植物分别归纳为果树、蔬菜、观赏植物三类。绝大多数果树、蔬菜都是人类在长期的生产实践中选育出来可食用的产品。由于具有营养、医疗与保健等功能，越来越多的园艺植物被制成菜肴，加工成食品、饮料、香料与精油等。

《园艺植物与美食》侧重介绍常见而尚未进行大规模美食研发的园艺植物的花卉、叶芽、果实、根茎等，还包括有观赏性能兼具保健功能的药食同源植物，旨在总结探索一个崭新的天然食品研究领域。通过对园艺植物的概念与范围进行阐述，并对园艺植物从野生到食用美食的演变过程、文化与历史记载进行说明，介绍园艺植物的形态与可食用部位，对其美食功能与作用予以阐释，还对园艺植物传统美食、保健与功能性美食开发利用、饮食禁忌进行系统说明，以提高园艺植物资源的实际利用率，符合当前提倡的园艺植物美食的最新趋势和理念。

本书共分7章，由山东农业大学与上海海洋大学共同组织塔里木大学、齐鲁工业大学、山东省教育招生考试院、海南大学、西北农林科技大学、山西农业大学、南京林业大学、天津农学院、滨州学院、仲恺农业工程学院、红河学院、陕西师范大学、中国青岛香博园等十余所高校与科研院所的专业教师和专家联合编写。

由于编者水平有限，书中难免会有疏漏之处，恳请读者批评指正，编者将不胜感激。

编 者
2017年10月

目录
CONTENTS

第4章 园艺植物的保健与功能性美食开发 56

第5章　园艺植物传统美食　　　　　　　77

第❶章
园艺植物概述

1.1 美食的内涵、起源和发展

人类文明源于饮食。人类首先必须解决饮食这个首要问题，才能谈社会生活的其他方面，所以饮食是社会生活的基础和核心，它决定或制约、影响着社会生活的其他方面。而美食其实是一种实用艺术，具有食用性与审美性双重特性。所谓食用性是指作为食品的美食必须具有一定的营养，符合一定的卫生标准，能满足人们生存与健康的需求；所谓审美性是指美食具有色、香、形、味、滋、器、意等多种审美因素，能使人们在品尝的过程中产生心理上的愉悦。所以，我们认为，不论食材贵贱，不论加工过程繁简，只要能够符合现代食品安全营养标准、能够引发个体身心愉悦的食品都可以称之为美食。

美食是以美学原理为指导，将美学与烹饪学、服务学、心理学、社会学、管理学以及艺术理论具体结合，形成有机统一的整体，是专门研究饮食活动领域审美及其审美规律的新兴交叉学科。其具体审美规律应涵盖两大方面：一是饮食审美过程中客体的形态美、主体的美感过程及在其基础上形成的范畴美；二是饮食制作过程中饮食美创造者的生存状态审美化，以全方位满足人们在饮食创造方面的生理需求和心理需求，直接体现美学"效用"。

1.1.1 饮食美学的产生

马克思在继承康德、黑格尔对审美主体的宣扬，深化康德"自然向人生成"的命题和黑格尔"理念的感性显现"命题的基础上，立足历史唯物主义的宏观视野，从人的本质规定性中引申出了美的本质规定，指出美是人类社会实践的历史产物，从而把美的根源归结为自然的人化或人本质力量的对象化，科学地解答了"美是什么"和"美从哪里来"的问题，形成了以"人也按照美的规律来造型"和"美是人的本质力量的对象化"两大命题为核心的实践美学观。这不仅揭示了人类实践活动趋真、向善、审美之间的内在联系，而且突出了人在自然和社会面前的主体地位，为探讨美的本质和审美创造的规律奠定了美学研究的科学理论基础，使美学成为一门真正的科学。

随着社会实践的不断深化，在实践美学观的指引下，人们逐渐将其审美视野从艺术领域投向了更为广阔的物质文化和现实领域之中，在注重基础理论研究的基础上，面向人类日益丰富的审美实践，重视如何将在精神领域得到充分发展的艺术再透射、凝练到实用艺术的规律性研究中，并开始对社会生活实践中的美、美的规律及其创造的实践经验进行研究，从而拓展美学的学科领域。饮食美学正是顺应历史的发展，迎合饮食与艺术、饮食与美学相融合的时代潮流，成为专门研究市场经济时代饮食生活领域美、造美与审美活动的实用美学，成为研究如何将美引入饮食领域的实用学科。

其实，人类早期的历史，就是一部以食物资源及食品美的开发为主要内容的历史。首先，为食品美的开发提供物质基础的是火的发现与运用，使人类结束了茹毛饮血的蒙昧时代，进入了烤炙熟食的文明时代。接着，陶器的发明和使用，为人类主食的美化提供了基本条件。然后，经过长期的劳动实践，人类懂得了煮海为盐，这就有了最基本的调味品（图1-1）。随着调味品的不断发现，随着人类烹饪经验和技术的日益成熟、烹饪器具的日益丰富、烹饪方法的日益多样，人类对食物质地的好坏、味道的甘美、食物的色泽和形态等方面的认识便随之不断提高。在这一过程中，人类已将自己的审美意识注入食品。因此，据研究，人类的审美意识也首先是从饮食经验开始的，人类的童年在生理的直觉性驱动下选择了熟食方式，在反馈和思考下认识了健康，在饮食的社会化过程中，感受到了情感，再进而运用饮食的方式抒发情感。

(a) 人类火的发明和应用

(b) 陶器的发明

(c) 煮海为盐

图1-1　食品美的开发历史

1.1.2　饮食美学是社会需求的产物

首先，立足人类社会，从实现人类日常生活审美化的宏观层面看，随着生产力的发展和社会的进步，饮食生产实践不仅直接生产出包含着美的饮食产品，而且也在精神领域改变着人们的饮食生活方式和审美观念。人们自觉地运用美的规律去美化饮食生活和审视饮食过程中的美，获得审美经验的需求，而且这一过程表现得越来越突出、越来越强烈。对作为实用美学体系中最重要、最普遍、最直接和最广泛的实体部分的饮食美学进行研究与推广，将通过其陶冶性情、开启智力，发挥以美导真、以美储善等功能，形成一种全社会在饮食方面都遵循真、向往善、追求美的发展趋向，从而推动人类日常生活审美化的进程。

其次，立足现代餐饮业，从餐饮企业发展要求的微观层面看：第一，随着餐饮市场的发展和人民生活水平的提高，当今餐饮消费者需求不断升级——不但要求要吃饱、吃好，还要吃出文化、吃出品位。这一餐饮需求的发展趋势，表明中国餐饮业已开始进入体验经济的时代。在这个时代里，餐饮消费者购买餐饮企业产品，不仅仅是选择其质量、功能，还选择了产品中所蕴含的文化品位和审美情趣。消费产品的过程就是以审美和愉悦等精神享受为核心的活动过程。作为一个成功的餐饮企业，其所提供的产品必须突出体验的属性，并表现多重体验价值的综合，使餐饮企业在进行企业经营管理的过程中，实现餐饮企业产品与审美体验完美结合。第二，在餐饮企业产品开发延续层面，随着市场竞争的加剧，大量的新原料、新品种不断涌现，产品更新换代不断加快，市场寿命周期不断缩短，餐饮消费者对餐饮企业产品的深度挖掘与广度开发的要求表现得越来越突出、越来越强烈。任何餐饮企业所拥有的产品竞争优势都是暂时的，因为每个产品都有寿命周期，包括开发期、成长期、成熟期和衰落期。因此，只有不断推出新产品，保障有稳定数量的新产品处于开发期、成长期，才能保证企业持续、稳定的发展。不断创新产品是餐饮企业生存与发展的重要任务，而创新的根本是实现人类饮食活动与饮食美学的完美结合。同时，由于餐饮企业产品创新是建立在广义产品概念基础上的、以市场为导向的系统工程，系统内各要素始终与外界进行着大量的物质、能量、信息交换，与外界存在着千丝万缕的联系，这种交换与联系使系统内要素以及它们之间的关系发生变化，进而影响系统的功能。所以，餐饮企业产品创新与饮食美学的结合研究必须从系统的角度出发，将餐饮企业产品创新看作集若干相互作用、相互依赖的要素结合而成的持续运动的一个系统整体，将饮食美学理论全面渗透到各个子系统中，才能把握餐饮企业产品创新的运作规律，并创造一个有利于创新的环境，以激励创新主体进行持续不断的产品创新活动。

1.1.3　饮食的生存性

西方观点认为："世界上没有生命便没有一切，而所有的生命都需要食物。"我国也有俗语："民以食为天。"可见，对于饮食的生存性这一特征，中西方的认识是一致的。食品首先要满足人类赖以生存的基本条件，才能进一步追求展现食品的"美"。饥求食，渴思饮，为人之常情，也是动物的本能。可以说，吃和喝是人最基本的生理需要，是人最本能的生命活动，是人维持自身生命存在的最根本方式。因此，饮食是人类生活的第一要素，它通过解饥止渴的功能来维系人类生存与发展的首要基础。

为了维持生命，人类自从出现在地球上，就必须不断地寻找食物，开发食物资源，进行饮食实践活动，这是一个长期的、发展的、逐步演变的过程。正是在这个过程中，人类逐步创造和发展了丰富灿烂的饮食文化；也是在这个过程中，逐渐形成了一定的社会结构，并促进社会向前发展，累积了丰富多彩的物质文明和精神文明。那么，由饮食所衍生的美食文化，自然也就成为了人类社会和文明存在与发展的基础。

1.1.4　饮食的审美特性

饮食生活的审美意识，就可以理解为人类对饮食生活"美"的感受和觉悟。而饮食审美思想，则是上述意识的丰富、深化、飞跃和系统完善，是人们对饮食生活美的感觉、领悟、思考、探求、创造，是对饮食生活中美的理解、认识和理论化。孔子有关"食不厌精，脍不厌细"的主张，不仅包含食品可口的意义，还有加工烹制精细的要求。东汉许慎的《说文解字》中："美，甘也。从羊从大。羊在六畜主给膳也。美与善同意。"和"膳之言善也。羊者，祥也。故美从羊。""羊大则肥美"说明古代人就是把又肥又大的羊当作美味；"鲜"字从羊从鱼，也说明古代人从羊和鱼中悟出了鲜味。这些均表明，我国先民正是在饮食的过程中，经由味觉器官感受到了莫大的愉悦感，形成了最初的美感，而后他们又将这种感受延伸到其他生活领域，形成了更为丰富的审美感受。在汉语中，有许多与"味"字合成的词语，如寻味、回味、意味、况味、体味、趣味、韵味、风味、余味、味外之旨、味同嚼蜡、津津有味等，均用以描述饮食的审美体验。这一现象也显示了饮食与审美之间有着难以割舍的紧密联系。这似乎也道出了中国古代直接来源于饮食生活实践的审美意识的一般规律。也可以说，在长期的中国饮食文化发展进程中，饮食活动自始至终充满着美学内容，遵循着美的规律。中华美食观从精神、物质两个方面双向发展，形成了完整而严密的中华美食制度。自甲骨文时代的"羊大为美"，到先秦时期的"强调美善统一"，经两汉时期的"形成综合性食美"、唐宋时期的"善均五味，追求意趣"，以及明清时期的"兼容并蓄"，直到今天的"饮食必意趣"，饮食美的追求无处不在。

1.1.5　饮食的地域性

中国地域广阔，地理环境不同，农作物种类多样，人们的饮食习惯具有鲜明的地域性特征。因此，一个地方的传统饮食和饮食习惯，与当地的食材和长期生活在这一地区人群的饮食需求有关。独具特色的美食，成了这些区域的名片。

餐饮产品由于地域特征、气候环境、风俗习惯等因素的影响，会在原料、口味、烹调方法、饮食习惯上存在不同程度的差异。正是因为这些差异，美食才具有了强烈的地域性。地理环境影响着人类生存活动的方式，人类为了生活和生存下去，不得不努力利用和改造环境，以便有效地获取必需的生活资料。不同地域的人们获取生活资料的方式和气候条件等影响因素各不相同，就产生和累积了不同的美食习俗，即所谓的"一方水土养一方人"，形成因地域不同而千差万别的美食文化。

美食的地域性，早在汉代就有记载。《黄帝内经·异法方宜论》中有："东方之域，……其民食鱼而嗜咸，西方者，……其民华食而脂肥""北方者……其民乐野处而乳食""南方者，……其民嗜酸而食附""中央者……，其民食杂而不劳"，但这仅仅是美食地域性特征的一个方面。另一方面，在一定的时间内，甲地的美食往往又会流行到乙地。例如，20世纪80年代以来，风行于我国各地甚至海外的川菜和粤菜，特别是粤菜，除了它的地域性原因以外，还与它在全国范围内文化面貌的时代超前性有关。今天，不同文化背景的人之间交往日益频繁，不同的饮食文化交流与融合也越来越普遍，尤其是在那些国际化大都市或交通、经贸、旅游发达地区，传统饮食的地域性特点正在被逐渐淡化，美食正面临着快速的融合与发展，且符合当代世界饮食发展的大趋势。

中国饮食文化学者赵荣光先生用"饮食文化圈"来表示饮食的地域性差别。他将中华饮食文化圈划分为12个小圈：东北地区饮食文化圈、京津地区饮食文化圈、中北地区饮食文化圈、西北地区饮食文化圈、黄河中游地区饮食文化圈、黄河下游地区饮食文化圈、长江中游地区饮食文化圈、长江下游地区饮食文化圈、东南地区饮食文化圈、西南地区饮食文化圈、青藏高原地区饮食文化圈和素食文化圈。各饮食文化圈有重叠，表示彼此既相对独立，又相互渗透影响。从这些饮食文化圈中，可以看到区域美食存在的文化差异和口味流变。例如，朝鲜族人民主要居住在东北地区，在长期生产实践中，他们除具有农耕民族饮食文化的共同特点外，也形成了带有本民族特点的饮食文化。他们常吃米、面，善制泡菜，爱做打糕，再加上米、糕制品做工精美，使其在色、香、味等方面都恰到好处，成为代代相传的美食佳品。再如，苗族等少数民族饮食的一大特点是喜好酸食，这也主要和他们居住的地域有关。苗族人民主要居住在西南地区，气候湿热，食物不易保存，在长期的生活实践中，他们逐渐学会了腌制食物以利于保存，且有助于健胃消食。布依族有"三天不吃酸，走路打偏偏"的说法；从猪、鸡、鱼、蛋到蔬菜和瓜果，苗族等少数民族均可腌制成酸食。

1.1.6　饮食的民族性

民族性这个术语的历史始于20世纪60年代。当时，这个概念是对后殖民主义地缘政治变化和许多工业发达国家少数民族运动做出的回答。对民族性的解释涉及各种现象，如社会和政治变化、民族自我认同形成、社会冲突、种族关系、民族建设和饮食等。不同的民族长期赖以生存的自然环境、气候条件、经济生活、生产经营的内容、生产力水平与技术等不同，以及各地区所索取的食物对象和宗教信仰存在差异，从而形成了各自不同的饮食文化、不同的美食特色。

不同民族独特的美食主要表现在不同地域不同民族对同一种食物资源的取舍不同，对同一种食物资源的态度和解释不同。有时，在同一个地域内不同民族也会对同一种食物采取不同的取舍。如东北的满族和朝鲜族的饮食差异，青海、甘肃一带的几个民族的饮食的不同，以及全国各地回族在饮食上的差别等。每个民族的饮食中，总有一种或几种是特别受欢迎的。这类受欢迎的食品不论是主食还是副食，往往还被看作是该民族的象征，一谈到这个民族，往往使人联想到这种食品；或者看到这种食品，就让人想到发明它、喜欢它的那个民族，如看到藏族牧民会联想到牛羊肉和奶制品。

在地区性的饮食风格上，西北的羊肉泡馍、宁波的汤圆、北京的烤鸭等，风味不同，各有千秋，这也是饮食的民族性（图1-2）。

图1-2　最受欢迎的西北名吃——手抓羊肉和羊肉泡馍

1.2　园艺植物及园艺植物食品的概念和范畴

园艺植物为人类提供了美味可口的水果，如苹果、梨、桃、橘子、荔枝、葡萄等；营养丰富的蔬菜，如白菜、黄瓜、辣椒、西红柿、豆角等；以及万紫千红的花卉、绿茵茵的草坪和庭院景观。可以说，没有园艺植物就没有人类高质量的生存条件，而那些来源于园艺植物并能作为食品的均可称为园艺植物食品。

1.2.1　园艺植物的范畴和特点

在广阔的自然界里生长着各种各样的植物，植物能利用太阳光进行光合作用，制造养分。据推算，地球上的植物为人类提供了90%的能源、80%的蛋白质，陆生植物还提供了90%的食物。同时，各种植物在维持自然界的生态平衡中发挥着巨大的作用，它们共同构成了地球上绚丽多彩、生机勃勃的植物世界。

园艺植物种类繁多，常见的有果树、蔬菜、观赏植物等。果树是指能生产可供人类食用的果实、种子及其衍生物的木本或多年生草本植物的总称。蔬菜是指可供人类佐餐的草本植物，少数木本植物的嫩茎、叶芽，以及食用菌和藻类植物的总称。观赏植物是指具有一定观赏价值，适用于室内外装饰、美化环境并丰富人们生活情调的植物的总称，通常包括观叶、观花、观果、观姿的木本和草本植物。

园艺植物的基本特点是利用形态多样、利用目的迥异。据粗略统计，我国园艺植物的主要利用形态包括嫩叶、叶球、嫩茎、块茎、球茎、鳞茎、根状茎、肉质茎、根、花、花球、果实、种子、种仁、植株等，而利用目的则主要包括鲜食、加工、观光、美化环境，甚至健康疗复、民俗文化等。

1.2.2 园艺植物的分类

传统的园艺植物是一类供人类食用或观赏的植物。狭义上的园艺植物包括果树、蔬菜和花卉等，广义上的还包括茶树、芳香植物、药用植物和食用菌类植物。常见的园艺植物主要分为观赏树木、花卉、果树、蔬菜四大类。

1.2.2.1 观赏树木

按照生长习性，分为：乔木类、灌木类、木质藤本类、匍地类、竹木类。

1.2.2.2 花卉

按照自然分布，分为：热带花卉，如水塔花、凤梨等；温带花卉，如菊花、芍药、紫罗兰等；寒带花卉，如细叶百合等；高山花卉，如雪莲等；水生花卉，如玉莲、睡莲等；岩生花卉，如银莲花等；沙漠花卉，如仙人掌等。

1.2.2.3 果树

按照是否落叶、果实的构造与果树的栽培学特性，分为：落叶果树与常绿果树。

1.落叶果树

落叶果树分为：仁果类果树，这类果树的果实是假果，食用部分是肉质的花托发育而成的，果心中有多粒种子，如苹果、梨、木瓜、山楂等；核果类果树，这类果树的果实是真果，由子房发育而成，有明显的外、中、内三层果皮，外果皮薄，中果皮肉质且可食用，内果皮木质化并成为坚硬的核，如桃、杏、李、樱桃、梅等；坚果类果树，这类果树的果实或种子外部具有坚硬的外壳，可食部分为种子的子叶或胚乳，如核桃、栗、银杏、阿月浑子、榛子等；浆果类果树，这类果树的果实多粒小而多浆，如葡萄、草莓、醋栗、猕猴桃、树莓等；柿枣类果树，这类果树包括柿、君迁子、红枣、酸枣等。

2.常绿果树

常绿果树分为：柑果类果树，这类果树的果实为柑果，如橘、柑、柚子、橙、柠檬、葡萄柚等；浆果类果树，果实多汁液，如杨桃、蒲桃、莲雾、人心果、番石榴、番木瓜等；荔枝类果树，包括荔枝、龙眼、韶子等；核果类果树，包括橄榄、油橄榄、芒果、杨梅等；坚果类果树，包括腰果、椰子、香榧、巴西坚果、山竹子（莽吉柿）、榴莲等；荚果类果树，包括酸豆、角豆树、四棱豆、苹婆等；聚复果类果树，多果聚合或心皮合成的复果，如树菠萝、面包果、番荔枝等；草本类果树，包括香蕉、菠萝、草莓等；藤本（蔓生）类果树，包括西番莲、南胡颓子等。

1.2.2.4 蔬菜

蔬菜作物种类繁多，据不完全统计，全世界现有的蔬菜约超过450种，我国有200多种，普遍栽培的有50～60种，而且同一个物种内又有不同的亚种或变种，变种中又有不同的品种。

根据蔬菜食用部位所属的植物学器官（根、茎、叶、花、果）等进行分类，可将蔬菜划分为根菜类、茎菜类、叶菜类、花菜类、果菜类五大类。其中叶菜类、果菜类是两个大类。另外，还可根据蔬菜器官的变态情况划分更细的类型。

（1）根菜类

以肥大的根部为食用部分的蔬菜，如魔芋（图1-3）、土半夏、天门冬、卷丹、药百合、大麦冬等。其中还有细分：肉质根类，以种子胚根生长肥大的主根为食用部分，如萝卜、胡萝卜、根用芥菜、芜菁甘蓝、芜菁、辣根、美洲防风等；块根类，以肥大的侧根或营养芽发

图1-3 魔芋

生的膨大根为食用部分，如牛蒡、豆薯、甘薯、葛等。

（2）茎菜类

以肥大的茎部为食用部分的蔬菜。其细分包括：肉质茎类，以肥大的地上茎为食用部分，如莴笋（图1-4）、茭白、茎用芥菜、球类甘蓝等；嫩茎类，以萌发的嫩芽为食用部分，如芦笋、竹笋、香椿等；块茎类，以肥大的块茎为食用部分，如土豆、菊芋、草石蚕等；根茎类，以肥大的根茎为食用部分，如莲藕、姜、襄荷等；球茎类，以地下的球茎为食用部分，如慈姑、芋头、荸荠等。

图1-4 莴笋

（3）叶菜类

以鲜嫩叶片及叶柄（即叶子）为食用部分的蔬菜。其细分包括：普通叶菜类，以不结球的叶子为主要食用部分的蔬菜，如小白菜、叶用芥菜、乌塌菜、薹菜、荠菜、菠菜、苋菜、番杏、叶用甜菜、莴苣、茼蒿、芹菜等；结球叶菜类，以结球的叶子为主要食用部分的蔬菜，如甘蓝、大白菜、结球莴苣、包心芥菜等；香辛叶菜类，以具有香、辛味道的叶子为食用部分的蔬菜，如大葱、韭菜、分葱、茴香、香菜等；鳞茎类，以叶鞘基部膨大形成鳞茎为食用部分，如洋葱、大蒜、胡葱、百合（图1-5）等。

(a) 外观　　　　　　　　(b) 西芹炒百合

图1-5 百合

（4）花菜类

以花器或肥嫩的花枝为食用部分的蔬菜，如金针菜、朝鲜蓟、菜花、紫菜薹、芥蓝（图1-6）等。

图1-6　芥蓝

（5）果菜类

以果实及种子为食用部分的蔬菜。其细分包括：瓠果类，葫芦科蔬菜，如南瓜、黄瓜、西瓜、甜瓜、冬瓜、丝瓜、苦瓜、佛手瓜等；浆果类，茄科以果实为食用部分的蔬菜，如西红柿、辣椒、茄子；荚果类，豆科蔬菜，如菜豆、豇豆、刀豆、豌豆、蚕豆、毛豆等；杂果类，其他蔬菜，如甜玉米、草莓、菱角、秋葵（图1-7）等。

图1-7　秋葵

1.2.3　园艺植物食品的范畴

可食用植物在园艺植物中占有很大的比重，主要包括果树、蔬菜、花卉和茶叶等经济作物。它们在许多国家都是仅次于粮食的第二大重要农产品，不仅是人们日常生活的副食品，而且是食品工业重要的加工原料。果树、蔬菜是比较常见的食材，而可作为食材的花卉有梅花、芙蓉花、菊花、水槿、栀子、玫瑰、百合、茉莉、南瓜花、月季、荷花、薄荷、晚香玉、凤仙花、玉簪花、藤萝等100多种，还有槐花、榆钱、花椒芽这些木本植物，赤何首乌、石斛、玉竹等既有观赏性能又有保健功能的药食同源植物也可以作为食材。

我国地域辽阔，水果、蔬菜、花卉和茶叶资源丰富，世界上很多名贵果蔬、花卉品种源自我国，茶叶是我国重要的出口创汇农产品。新中国成立以来，特别是改革开放以来，我国的果蔬产量逐年增长，水果生产总量1978年只占世界的2.8%，到20世纪末已超过了13.0%。我国果品产量自20世纪90年代中期起一直位居世界首位，据国内相关部门统计，2014年我国水果总产量增长至26142万吨，目前产量占世界果品总量近1/4。我国是蔬菜生产大国，蔬菜及其制品的生产成本远低于国际水平，具有较强的竞争优势。近几年来，随着高产栽培技术的应用，我国蔬菜品种数量、总产量均居世界前列。我国茶园面积产量也名列世界前茅，全国干茶总产值约70亿元。

1.3 常见园艺植物食品的原料特性

1.3.1 果蔬的原料特性

果蔬中所含的化学成分主要为包含在果蔬细胞液中的糖、果胶、有机酸、色素、多酚化合物、芳香物质、矿物质和水分等，以及组成果蔬细胞壁的纤维素、半纤维素、木质素和原果胶等。这些成分可归成两类，即水分和固形物（干物质）。果蔬中的化学成分不仅决定着果蔬的内在质量、营养价值和风味特点，也与果蔬的储藏、运输和加工处理密切相关。当然，果蔬的化学组成也会因种类、品种、栽培条件、产地气候、成熟度、个体差异及采后处理等因素而有很大变化。

1.3.1.1 水分

果蔬中含有大量的水分，一般鲜菜中有65%～95%的水分，鲜果品中含有73%～90%的水分。水分是影响果蔬嫩度、鲜度和味道的重要成分，与果蔬的风味也有密切关系。新鲜果蔬，只有当含水量充足时，才具有鲜嫩多汁的特点，果蔬失去水分则变得萎蔫而降低品质。

1.3.1.2 碳水化合物

果蔬中碳水化合物是固形物的主要组成成分，主要有葡萄糖、果糖、蔗糖等可溶性糖和高聚淀粉、纤维素、果胶物质等。

（1）糖

果蔬中含有的糖主要是蔗糖、葡萄糖和果糖等可溶性糖，是果蔬甜味的主要来源，不同种类和品种的果蔬含糖量会有很大差别。一般果品中含糖量高于蔬菜。果品中葡萄糖含量较高，有的可达20%以上，蔬菜中以胡萝卜（3.3%～12.0%）、洋葱（3.5%～12.0%）和南瓜（2.5%～9.0%）等含糖量较多，而一般的蔬菜的含糖量只有1.5%～4.5%。果蔬中糖的含量与果蔬的成熟度有密切联系，一般随着果蔬成熟度的增加而增加，但是块根、块茎类蔬菜和籽仁类果品恰恰相反，成熟度愈高糖含量愈低。不同的水果，糖的数量、种类和比例也不相同，一般仁果类以果糖为主，核果类以蔗糖为主，浆果类主要是葡萄糖和果糖，柑橘类含蔗糖较多。在储藏过程中，果蔬中的糖，因其呼吸作用的消耗而使含量逐渐降低。因此，果蔬经久储后，某些甜味和滋味会变淡，但有些种类的果蔬，因其中淀粉水解，糖量有所增加。此外，果蔬中的还原糖（如葡萄糖、果糖）能与含有羰基的物质（如氨基酸）发生美拉德反应，从而使果蔬的色泽发生变化。一些果蔬中的糖含量见表1-1。

表1-1 一些果蔬中的糖含量

糖＼品名	苹果	枇杷	李子	樱桃	葡萄	西瓜	西红柿
蔗糖 /%	2.97	1.34	0	0	0	3.06	0
葡萄糖 /%	2.39	3.46	0	3.80	8.09	0.68	1.62
果糖 /%	5.13	3.66	4.20	4.60	6.92	3.41	1.61

（2）淀粉

淀粉属于多糖，成熟度低的果品含量大于成熟高的。例如，香蕉的绿果中淀粉占20%～

25%，成熟后可以下降到1%以下。而块根、块茎类蔬菜中的淀粉含量则与成熟度成正比。

（3）纤维素与半纤维素

纤维素和半纤维素是共同构成植物细胞壁的主要成分，普遍存在于果蔬中。蔬菜中的含量为0.2%～2.8%，果品中为0.5%～2.0%，在果蔬的皮层、输导组织和茎中含量较多。纤维素含量少的果蔬，肉质柔嫩；反之，则肉质粗，皮厚多筋。人体虽然不能消化吸收纤维素，但纤维素能刺激胃肠的蠕动和分泌消化液，具有帮助消化的功能。纤维素具有高度的稳定性，可保护果蔬组织免受机械损伤和微生物的侵害，因此，皮厚致密的果蔬，较耐储存。

（4）果胶物质

果胶物质是果蔬中普遍存在的一种高分子物质（含有甲氧基的半乳糖醛酸的缩合物），沉积在细胞初生壁和中胶层中，起着黏结细胞的作用，以原果胶、果胶和果胶酸三种不同的形态存在于果蔬中。各种形态的果胶物质具有不同的特性，在不同酶的作用下，会使其形态发生变化，见流程图1-8。

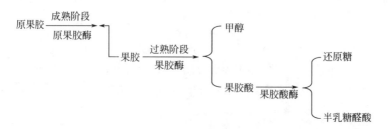

图1-8　果胶在酶作用下的变化途径

未成熟果蔬的组织中，果胶物质是以原果胶形式存在。由于原果胶不溶于水并有很强的黏附力，能使各个细胞相连紧密，因而表现出坚硬的状态。随着果蔬的成熟，在原果胶酶的作用下，原果胶变为果胶，细胞间的结合力减弱，细胞分离，具有黏性，而使果蔬组织变软。未成熟的果蔬成熟时，在果胶酶的作用下，果胶变为不具黏性的果胶酸与甲醇，从而使组织的肉质变成软烂的状态。

果胶在一定条件下具有形成凝胶的特性，可以在果蔬加工过程中利用这种特性，生产特色食品，如在加工果冻、果酱和果泥等产品时，广泛应用果胶的这种特性。一般果品中果胶的凝胶作用强于蔬菜中的果胶。果胶酸与钙盐的结合可以改善果蔬的脆硬度，有利于果蔬加工制品的适口性。但是，在制造澄清的果蔬汁时，果胶的存在会使果汁混浊，应予以除去。

1.3.1.3　有机酸

果蔬中含有丰富的有机酸，是影响果蔬滋味的主要成分之一。果蔬中的有机酸一部分以自由状态存在，一部分则是以结合态存在。蔬菜（西红柿除外）中的有机酸多以有机酸盐的形态存在，而水果中有机酸多以自由态存在，所以水果的pH值（2.2～5.0）要比蔬菜的pH值（5.5～6.5）低。

果蔬中主要的有机酸为苹果酸、柠檬酸、酒石酸及草酸，还有少量的苯甲酸、水杨酸、延胡索酸等。苹果酸主要存在于仁果类和大多数核果类水果中，柠檬酸主要存在于浆果类和柑橘类水果中，葡萄中主要含有酒石酸。蔬菜中的总酸量较低，有些蔬菜中的有机酸主要是草酸，大多数蔬菜是以苹果酸和柠檬酸为主。果蔬中酸含量，多以果蔬所含的主要有机酸为计算标准，如柑橘类的酸含量以柠檬酸表示，仁果类、核果类的酸含量以苹果酸表示，大多数叶菜类的酸含量以草酸表示。

果蔬酸味的强弱，与含有的有机酸的种类、含量及是否游离有关，游离酸还对微生物具有抑制作用，可以降低微生物的致死温度，所以，对于果蔬的加工，常根据其pH值的大小，来确定杀菌条件。当pH值＜4.2时，一般采用常压杀菌；当pH值＞4.2时，一般采用高压杀菌。pH值的高低还与果蔬的加工褐变、风味以及营养物质的保持有关系，值得一提的是用铁锅盛装食物时，有机酸可引起锅的腐蚀而造成食品的铁、锡含量大大增加，导致美食褐化。一般认为脂肪族有机酸无特殊生物活性，但有些有机酸如酒石酸、枸橼酸可作药用。有研究认为苹果酸、枸橼酸、酒石酸、抗坏血酸等可综合作用于中枢神经。当然，也有一些特殊的酸是某些中草药的有效成分，如土槿皮中的土槿皮酸有抗真菌作用、咖啡酸的衍生物有一定的生物活性；绿原酸是许多中草药的有效成分，具有抗菌、利胆、升高白细胞等作用。食物中的有机酸，尤其是果酸，其生物学意义是促进消化。果酸还能使食品具有很浓的香味，刺激食欲，爽口提神。

果蔬热处理后酸度会增加，一是因为温度升高，促进了酸的电离；二是蛋白质等一些具有缓冲作用的物质，受热后丧失活性，从而失去了缓冲能力。减弱微生物的抗热性及抑制其生长可以通过提高食品的酸度条件，所以果蔬的pH值是制定罐头杀菌条件的主要依据之一。果蔬热处理过程中，有机酸会促进其中一些物质的酸水解，而且对金属器皿和设备也会有腐蚀作用，还影响色素物质的变化和抗坏血酸的稳定性，加工过程中应注意这些问题。

1.3.1.4 色素

果蔬新鲜度和成熟度的感官鉴定可以通过色素的种类和特性来鉴定，因为果蔬在其生长过程中因各种色素变化而形成不同色泽，随果蔬成熟程度的加强色素不断变化。色素的种类很多，按其溶解性及在植物体中存在状态可为两类：一类是脂溶性色素（质体色素），另一类是水溶性色素（液泡色素）。常见的脂溶性色素有叶绿素和类胡萝卜素，常见水溶性色素有花青素和黄酮类色素。

（1）叶绿素

叶绿素是使果蔬呈现绿色的色素，是两种结构很相似的物质，即叶绿素a（$C_{55}H_{72}O_5N_4Mg$）和叶绿素b（$C_{55}H_{70}O_6N_4Mg$）的混合物。通常叶绿素a：b为3：1，叶绿素a呈蓝黑色，叶绿素b是深绿色。在绿叶中，叶绿素a与叶绿素b的比例不同，叶色深浅也不同，浅色绿叶中叶绿素b含量较高，深色绿叶中叶绿素a含量较高。

叶绿素是天然的绿色着色剂，可以从绿色植物中提取。叶绿素在活体细胞中与蛋白质结合成叶绿体，细胞死后叶绿素释出，游离的叶绿素很不稳定，不但对光和热敏感，在稀碱中可水解为鲜绿色的叶绿素盐，而且在酸性条件下分子中的镁原子被氢取代，会生成暗绿色至褐绿色的脱镁叶绿素。当对果蔬进行加热时，热力的作用可使叶绿体释放出叶绿素，会使果蔬制品颜色变化。因此，一些绿色果蔬在加工前可用石灰水或氢氧化镁处理以提高果蔬pH值，从而保持其天然的色泽，但不宜过多，否则会影响风味和破坏一些营养成分。一定条件下，叶绿素分子中的镁可被铜、锌、铁等取代，铜离子取代的叶绿素色泽鲜亮且稳定，食品工业中常用于护色剂和着色剂。

（2）类胡萝卜素

类胡萝卜素是由多个异戊二烯组成的一类色素，呈浅黄色至深红色，广泛存在于果品中，绿色蔬菜中也含有，但被叶绿素掩盖而不显色。类胡萝卜素对热、酸、碱等都较稳定，含这类色素的果蔬，经热加工后仍能保持其原有色泽。但光和氧能引起其分解，使果蔬褪色。因此，在加工和储运时，应采取避光和隔氧的措施。

类胡萝卜素主要由胡萝卜素和叶黄素两类组成。

胡萝卜素（$C_{40}H_{56}$）又称叶红素，果蔬中主要的类胡萝卜素有番茄红素及α-胡萝卜素、β-

胡萝卜素和γ-胡萝卜素，分别呈现红色、红黄色和橙红色。胡萝卜素比较稳定，通常在碱性介质中比酸性介质中更稳定。胡萝卜、南瓜、番茄、绿色蔬菜等含有较多胡萝卜素，果品中的杏、黄桃等黄色的果实也含有。胡萝卜素的同分异构体是番茄红素，呈橙红色，是番茄中的主要色素，西瓜、柿子、柑橘、辣椒、南瓜等也含有番茄红素。

叶黄素（$C_{40}H_{56}O_2$）也广泛存在于各种果蔬中，是绿色果蔬发生黄化的主要色素。叶黄素与胡萝卜素、叶绿素共同存在于果蔬的绿色部分，只要叶绿素被破坏，就显现出其色泽——黄色。

（3）花青素

花青素多以花青素苷的形式存在于果蔬中，又称花色素，是形成果蔬红、紫红、紫蓝、蓝等颜色的色素，主要存在于果皮和果肉细胞中。花青素是可溶性色素，在果蔬加工时（如水洗、漂烫）会大量流失，因此，果蔬处理中，特别是果类要尽量避免揉捻操作。

花青素性质不稳定，随着溶液的pH值变化，其颜色不断地改变。在酸性介质中为红色，在碱性介质中呈现蓝色，而在中性介质中为紫色。花青素的这种变化，常会改变果蔬加工制品原有的颜色。另外，花青素与铁、镁、铜等金属离子结合将呈现蓝色、蓝紫色或黑色，并能发生沉淀，加热时又能分解而褪色，从而使制品色泽暗淡，日晒也能促使其色素沉淀。因此，在果蔬加工中，应避免用铁、锡等金属器具和设备，控制加热温度，注意pH值的变化，防止日光辐射，从而减少花青素的变色来保证制品的外观色泽。

（4）黄酮类色素

黄酮类色素又称花黄素，其基本结构是苯基苯并吡喃酮，多呈白色至浅黄色，是存在于果蔬中的另一种较多见的水溶性色素，也是一种糖苷。主要包括有黄酮、黄酮醇、黄烷酮和黄烷酮醇，前两者为黄色，后两者为无色。黄烷酮和黄烷酮醇是重要的黄酮和黄酮醇的衍生物，它们具有维生素P的功效，目前是食品研究的热点之一。

由于结构不同，黄酮类色素遇铁离子可呈现蓝、蓝黑、紫、棕等颜色。在碱性介质中可呈现深黄色、橙色或褐色，在酸性条件下无色。当用碱处理某些如洋葱、土豆等含黄酮类色素的果蔬时，往往会发生黄变现象，影响产品质量。生产中，常利用黄酮类的这一变色特性，加入少量酒石酸氢钾，黄变现象即可消除。黄酮类色素对氧气敏感，在空气中久置会产生褐色沉淀，所以一些富含黄酮类色素的果蔬加工制品过久储存会产生褐色沉淀。此外，黄酮类色素的水溶液呈涩味或苦味。

1.3.1.5　维生素

果蔬是人体内膳食维生素的重要来源。维生素种类很多，一般分为脂溶性和水溶性维生素两类，对维持人体的正常生理机能起着重要作用。主要含有维生素C、维生素A、维生素E、维生素B_2、维生素K等。

1.3.1.6　矿物质

果蔬中的矿物质是人体所需矿物质的重要来源，一般含量（以灰分计）为0.2%～3.4%，它们以无机盐或与有机物结合的方式存在。矿物质与草酸等物质结合后，会影响其吸收和利用。一些果蔬中（可食部分）主要矿物质含量见表1-2。

果蔬中矿物质的80%是钾、钠、钙等金属成分，其中钾元素占总量的50%以上，这些元素进入身体后，与呼吸释放的HCO_3^-结合，可中和血液pH值，使血浆的pH值增大，因此，很多果蔬又被称为"碱性食品"；而富含蛋白质、脂肪的肉、蛋类经过消化吸收，最终氧化产物为CO_2，CO_2进入血液会使血液pH值降低，因此，被称作"酸性食品"。过食酸性食品，会造成体内酸碱平衡的失调，引起酸中毒，带来一系列身体不良反应。

表1-2　果蔬中（可食部分）主要矿物质含量　　　　　单位：mg/kg

果实名称	钙	磷	铁	蔬菜名称	钙	磷	铁
苹果	110	90	3.0	西红柿	80	370	4.0
梨	50	60	2.0	甘蓝	620	280	7.o
桃	80	200	10.0	大白菜	330	420	4.0
杏	260	240	8.0	豌豆	130	900	8.0
葡萄	40	150	6.0	土豆	110	590	9.0
甜橙	260	150	2.0	菠菜	700	340	25.0
枣	140	230	5.0	芹菜（茎）	1600	610	85.0
山楂	50	250	21.0	菜花	150	820	12.0
草莓	320	410	11.0	芦笋	320	140	140
香蕉	100	350	8.0				

1.3.1.7　含氮物质

果蔬中存在的含氮物质种类很多，主要是蛋白质和氨基酸，还有酰胺、硝酸盐和亚硝酸盐等。水果中含氮物质，一般含量为0.2%～1.2%，以核果类、柑橘类最多，仁果类和浆果类含量较少。蔬菜中的含氮物质高于水果，一般含量0.6%～9.0%，豆类含量最多，叶菜类次之，根菜类和果菜类最低。

果蔬中所含的氨基酸与其制品的色泽有关，与还原糖发生美拉德反应产生黑色素。含硫氨基酸及蛋白质会在高温杀菌时受热降解形成硫化物，引起变色。蛋白质与单宁可发生聚合作用，能使溶液中的悬浮物质随同沉淀，这一特性在果汁、果酒澄清处理中常采用。但是，蛋白质的存在常使果蔬汁中发生泡沫、凝固等现象，也会影响产品质量。

1.3.1.8　单宁物质

单宁（鞣质）与果蔬的风味和色泽有密切关系，属于多酚类化合物。果蔬中水溶性单宁物质过多时会降低甜味，并引起涩味。单宁物质在果蔬加工过程中，会引起酶促褐变，从而影响制品的色泽。此外，单宁物质遇到某些金属时也会发生色变。

单宁物质在果品中普遍存在，而蔬菜中较少，未成熟的含量多于成熟度高的，这就是未熟柿子口味特别涩、不堪食用的缘故。

1.3.1.9　糖苷类

果蔬中存在各种苷，大多具有强烈的苦味或特殊的香气，有些还有毒性。

（1）苦杏仁苷（$C_{20}H_{27}NO_{11}$）

存在于多种果品的种子中，以核果类含量最多，苦杏仁苷在酶或酸或热的作用下水解，会有一种剧毒物——氢氰酸生成。因此，在利用含有苦杏仁苷的种子时，应注意除去氢氰酸。

（2）茄碱苷

茄碱苷又称龙葵苷，剧毒且有苦味，在酶或酸作用下能发生水解。主要存在于茄科的蔬菜中，以马铃薯块茎中含量最多，未成熟的茄子和番茄中也含有。当马铃薯块茎发芽时，或储藏时受到光辐照，茄碱苷含量会增加，特别是绿色皮层和芽眼处含量更高。

（3）黑芥子苷

黑芥子苷普遍存在于十字花科蔬菜中，芥菜、萝卜中含量较多，具有苦味或辛辣味。在酶或酸作用下可水解成具有特殊风味的芥子油。这一特殊性在蔬菜腌渍中很重要。

（4）橘皮苷

橘皮苷广泛存在于柑橘类果品中，以果皮中含量最多，是柑橘类苦味的来源。其含量随品种和成熟度而异。橘皮苷在稀酸中加热或随着果实的成熟，会逐渐水解，可溶于碱性溶液且呈现黄色，但在酸性溶液中会生成白色沉淀。因此，柑橘类水果加工中常会出现白色浑浊沉淀。

1.3.1.10　芳香物质（挥发油）

芳香物质是形成果蔬香气和风味的主要成分，组成复杂，种类繁多，但含量甚微，多呈现油状，主要由醇、醛、酮、烃、萜、烯等有机物组成。但也有一些植物如蒜、葱的芳香物质是以糖苷或氨基醇状态存在，必须在酶作用下才产生芳香物质。

果蔬的种类不同，所含芳香物质的种类有所差别；同一果蔬中，因部位不同，亦有所不同。除核果类外，果品的果皮中含芳香物质较多，其中以柑橘类果皮中最多（1.5%～2.0%），因而果皮是提取芳香物质的主要原料。蔬菜中，则因种类的不同，分别存在于根（萝卜）、茎（大蒜）、叶（香菜）和种子（芥菜）中。

1.3.1.11　油脂类

果蔬中所含的油脂类主要是不挥发的油脂和蜡质。油脂主要存在于果蔬种子中，如南瓜籽含油脂达34%～35%，西瓜籽达19%，其他器官则较少。仁果类果品大多富含油脂，在储存过程中应注意，防止油脂氧化。蜡质主要存在于蔬菜的茎、叶和果品的表面，可保护果蔬免受水分和微生物的侵入和防止本身水分的散失。因此，果蔬在采收储运时必须保持蜡层。

1.3.1.12　酶

果蔬中的酶种类多样，主要有两大类：一类是氧化酶，包括酚酶、过氧化氢酶、维生素C氧化酶、过氧化物酶等；另一类是水解酶，包括果胶酶、淀粉酶等。

在加工过程中为防止果蔬的酶促褐变，需要对相关酶进行活性钝化，也可以利用酶的活性，如利用淀粉酶就可将果蔬汁中少量淀粉去除。

1.3.2　花卉的原料特性

花卉是大自然的精华，长期以来多用于观赏、美化环境。近年来，随着科技的进步和食品工业的迅猛发展，花卉作为食品也日渐风靡。花卉种类繁多，资源十分丰富，据不完全统计，自然界有170多种可食花卉。由于品种、生长环境等因素的不同，花卉化学成分也略有不同，但花卉作为植物，其基本化学成分与果蔬大致相同。

1.3.2.1　水分

各种花器中水分含量变化较大，新鲜的花中较高，一般在80%以上，有些花中的水分可达98%以上。水分与花卉的风味、色泽及加工性能关系非常密切，水分蒸发，花卉失鲜，色泽变化，便失去了花卉的独特品质。

1.3.2.2　碳水化合物

花卉中的碳水化合物主要是蔗糖、果糖和葡萄糖，其含量对花卉及其制品的品质和风味也有很大影响。有些花卉有蜜腺，分泌的糖类主要是葡萄糖、果糖，占蜜腺中总糖量的85%～95%，其次是蔗糖和麦芽糖。通常花粉含糖量较高，约占干物质的1/3。

花卉中淀粉含量较少，但有些花粉中淀粉含量较高，玉米花粉淀粉含量可高达22.4%。

此外，一些花卉中含有的某些胶状多糖是使花卉的色泽由红变蓝的因素之一。

1.3.2.3 有机酸

花卉中有机酸的pH值大小对花卉的加工有较大影响：花卉食品pH值＜4.2时，一般采用常压杀菌；pH值＞4.2时，一般采用高压杀菌。此外，有机酸的多少也影响花色，对花色素的影响尤为显著。

1.3.2.4 含氮物质

花中存在多种含氮化合物，主要有蛋白质和氨基酸，花中蛋白质的含量在10%～20%，表1-3中列出了一些常见花卉中的蛋白质含量。蛋白质和氨基酸对构成花的风味和制品的色泽也有一定影响。

表1-3 常见花卉中的蛋白质含量

名称	苹果花	梨花	桃花	山楂花	桂花	杏花	玫瑰花	洋槐花	樱桃花	红花
含量/%	21.7	20.7	22.1	13.75	10.12	18.7	10.93	13.1	20.7	13.13

1.3.2.5 单宁

单宁广泛存在于花卉中，特别是玫瑰花中含量最多。单宁的含量与花的成熟度有密切的关系，未成熟花中远远高于成熟的或部分开放的花。此外，单宁若与花色素苷作用，可使花卉颜色发生蓝色效应。

1.3.2.6 维生素

花卉中含有多种维生素，如维生素A、维生素B_1、维生素B_2、维生素C等。其中，维生素B_2对花卉的色泽有一些影响。

1.3.2.7 矿物质

矿物质含量大小会影响某些花卉的花色及其对人体的生物活性，受到污染的花卉某些金属含量有可能偏高。鲜花中矿物质的含量占干重的1%～15%，一些花卉中矿物质含量见表1-4。

表1-4 一些花卉中的矿物质含量　　　　　单位：μg/g

花卉名称	K	Na	Ca	Mg	Pb	Cd	Cu	Mn	Co	Zn	Cr	Fe
白玫瑰	2 667	31.48	553.9	330.1	0.17	0.012	2.19	3.89	0.21	3.12	0.18	24.46
金银花	3 365	40.55	850.7	约8.6	0.97	0.022	2.04	4.82	0.30	3.43	0.22	49.12
菊花	4 377	471.6	1 168	367.7	0.87	0.029	2.50	2.09	0.42	12.82	0.24	44.34
桃花	3 260	35.85	317.4	227.7	2.24	0.130	3.42	4.89	0.96	5.12	1.22	99.80
紫红牡鹃	4 098	28.69	660.2	182.8	1.77	0.092	1.19	5.28	0.40	0.20	0.32	11.34
白杜鹃	1173	39.61	166.5	66.23	1.07	0.083	0.72	1.37	0.53	0.54	0.31	28.88
白茶花	693.0	35.58	67.23	28.63	0.80	0.020	0.47	3.02	0.19	极微	0.20	15.96
大红茶花	4 229	15.43	664	36.03	0.49	0.045	0.91	2.15	0.28	极微	0.30	7.77

1.3.2.8 色素

花卉是提取天然色素的最好来源。因为花卉体内存在多种色素，所以能呈现五彩缤纷的颜色。花卉中的色素主要包括花青素、黄酮类和类胡萝卜素三种，花瓣内三种色素不是均匀分布。一般而言，类胡萝卜素存在于细胞质上，而黄酮类和花青素则存在于细胞液中。花卉中的黄酮类和花色素在加工过程易发生变化，从而改变色泽，通常也可从花色中大致判断其中色素的种类，由此来选择加工条件。花色及色素的组成见表1-5。

表1-5　花色及色素的组成

花色	色素的组成
奶油色及象牙色	黄酮、黄酮醇
黄色	纯胡萝卜素、纯黄酮醇、橙酮、类胡萝卜素或茶耳酮
橙色	纯类胡萝卜素、天竺葵色素+橙酮
绯红色	纯天竺葵色素、花青素+胡萝卜素、花青素+类黄酮
品红或深红色	纯花青素
粉红色	纯甲基花青素
淡紫色或紫色	纯花翠素
蓝色	花青素+辅色素、花青素的金属络合物、花翠素+辅色素、花翠素的金属络合物、高pH值型的花翠素
黑色	高含量的花翠素

1.3.2.9　芳香物质

许多植物的花中含有挥发性的芳香物质，即精油，它们是由多种化合物组成的复杂混合物。其中包括萜类、芳香族化合物及醛、酮、醇等化合物，这些化合物不同的组成构成了花卉的特有香气。加工过程对花卉的芳香物质影响较大，如热加工，香气会发生热损失和氧化，使构成芳香物质的比例失衡，发生香味减少的现象。另外，加工过程中的氧气、pH值、光照、氧化剂及物理和化学操作，也会影响花卉的芳香物质。

花卉作为食品开发还是一个刚刚兴起的产业，有待研究和完善。首先，在原料的供应方面，新鲜花卉原料带有很强的季节性，有的品种成熟或开花期只有短短1周时间，难以在短期内快速加工。其次，在有效成分的检测方面，有些花卉的药理成分还不清楚，只是根据民间偏方、经验来食用，并且有些缺少标准样品或无标准检测方法，因而无法定量检测，尤其是含有药用价值的花卉，其药理成分很难确定。最后，在功能认证方面，天然花卉食品的功能认证，需要通过动物试验，但目前尚无开展。因此，花卉作为食用的研究还有待深入进行，以使我国的可食花卉资源得以合理开发。

1.3.3　茶叶的原料特性

茶叶按茶多酚氧化程度不同，分为红茶（图1-9）、绿茶（图1-10）、黑茶（图1-11）、青茶（图1-12）、白茶（图1-13）和黄茶（图1-14）六大类。亦可根据是否发酵，分为发酵茶（红茶）、半发酵茶（乌龙茶）和非发酵茶（绿茶）三大类。发酵茶是利用鲜叶中所含的氧化酶作用使儿茶素被氧化，产生茶黄素和茶红素等色素；非发酵茶是破坏茶叶中所含的多酚氧化酶保持茶叶的天然绿色；半发酵茶是鲜叶进行部分（茶叶边缘）发酵后炒制而成，其色泽较接近红茶。一般来说，鲜叶中叶绿素b含量较高、多酚类物质含量较高、蛋白质含量低的，适合制成红茶；相反，叶色深的、叶绿素b含量较低、叶绿素a含量较高、多酚类物质含量较少、蛋白质含量高的，适合加工制成绿茶。

图1-9　红茶

图1-10　绿茶

图1-11　黑茶

图1-12　青茶

图1-13　白茶

图 1-14 黄茶

茶叶的主要成分因品种、土壤、气候、树龄等情况不同而异，如以一心两叶为标准，其所含干物质的量，春茶最少（21.1%），夏茶最多（24.9%）。茶叶主要化学成分包括氨基酸和蛋白质、色素、茶多酚、生物碱、糖类、维生素、矿物质等。

1.3.3.1 氨基酸和蛋白质

茶的水溶性物质中有近20种游离氨基酸、少量清蛋白、酰胺及短肽，其中以茶氨酸含量最高，约占总氨基酸的50%。

由于茶氨酸几乎只存在于茶叶中，故可用于鉴别真假茶叶。茶叶中不同风味氨基酸共同作用影响着茶叶的风味：茶氨酸味甘鲜；天冬氨酸、谷氨酸、组氨酸等呈酸味；缬氨酸、亮氨酸等呈苦味；天冬氨酸钠盐、谷氨酸钠盐呈鲜味；丙氨酸、丝氨酸、赖氨酸则呈甜味。

茶叶在发酵过程中，氨基酸降解形成醛类；在烘烤过程中会与糖发生美拉德反应，形成构成茶香单体的杂环化合物。

1.3.3.2 色素

茶叶中的色素主要有叶绿素、类胡萝卜素、黄酮类和花青素。叶绿素是决定绿茶、干茶和叶底色泽的重要因素，对汤色影响则是次要的。在制茶过程中，叶绿素的转化程度与是否发酵有关。类胡萝卜素是提供茶香味的重要成分之一，与叶绿素共存，鲜叶中含量不高，发酵时，会氧化形成香气成分。花青素和黄酮类因有苦味，会影响茶的滋味。

1.3.3.3 茶多酚

茶多酚（茶单宁）是茶叶中酚类及其衍生物的总称，主要包括黄烷醇类、花色苷类、黄酮醇类和黄酮类，呈现苦涩味。茶叶中的茶多酚含量受品种、季节、土壤和栽培措施等影响较大。成品绿茶所含多酚类较接近鲜叶的原有状态，故带有苦涩味。红茶中多酚类已通过氧化缩合生成了茶黄素和茶红素等双黄烷醇类物质。

1.3.3.4 生物碱

茶叶所含的生物碱大多数是咖啡因，还有少量可可碱和茶碱等黄嘌呤类衍生物。茶叶中的咖啡因没有药用咖啡因的副作用，同时咖啡因还给茶汤带来一种适口的苦涩味。咖啡因比较稳定，在制茶过程中不会氧化和缩合，因此，成品茶的咖啡因含量与鲜叶相差不大。咖啡因广泛分布于茶树体内，各部位含量有差异：茶树芽和第一叶中含量最高，含3.55%；第二叶次之，含2.96%；茶树种子不含咖啡因；红梗含咖啡因较绿梗少，含0.62%，而绿梗含0.71%；茶树花咖啡因的含量为茶树总含量的0.80%。

1.3.3.5 糖类

茶叶中的糖主要是果糖、葡萄糖、内消旋肌醇、蔗糖、麦芽糖和棉子糖。它们是构成茶汤特有滋味的主要成分。

1.3.3.6 维生素

茶含有多种维生素，对茶的滋味有一定的补益作用。其中，维生素C含量最多，优质绿茶可达2000mg/kg，但红茶中较少，大部分在发酵中被氧化破坏了。通常绿茶中含维生素最多，乌龙茶次之，红茶最低。

1.3.3.7 矿物质

茶叶中的矿物元素有40多种，有50%～60%可溶于茶汤中，其中包括人体必需的常量元素和微量元素，以钾含量最多，其次是钙、磷、镁。茶叶的氟含量也较高，一般茶的等级越低而氟含量越高，鲜叶越嫩含氟量越低，所以喝茶有益牙齿。矿物质对茶风味也有影响，如茶黄素与茶红素以钠盐的方式存在比以钾盐方式存在更易造成汤色发暗、香气降低。

1.4 饮食美学研究

在我国，饮食美学的研究起步较晚。20世纪80年代初，改革开放带来了我国经济的繁荣和人民生活水平的提高，餐饮业也得到了迅速发展。此时，中国烹饪界提出了"中国烹饪是文化，是科学，是艺术"，而将以烹饪为核心的饮食提升到了新的层次。与此同时，随着社会生活实践的不断深化，在实践美学观的指引下，为适应人们饮食生活双重目标的追求，饮食美作为社会美中最重要、最普遍、最直接、最广泛的实体部分，才逐渐进入人们研究视野，成为专门研究市场经济时代饮食生活领域美与审美活动的实用美学。因此，我们说中国饮食审美的历史虽然古老，但美食的学术年龄却的确过于年轻。

美学是研究自然美、社会美、生活美、艺术美的一门学科，饮食美学（或称烹饪美）是美学中的一个分支，具体研讨进餐环境设计、炊饮器皿造型、菜点装饰美化、宴席编排技巧、接待服务礼仪诸方面的美感、审美意识、审美活动、美育等美学理论问题。

饮食美学的最大优点是它的综合性与实用性。所谓综合性，是指它融建筑、装潢、音乐、绘画、文学、语言、工艺、技术、仪礼、伦理、华食、丽服诸美于一体，需要全面考察，综合评价。所谓实用性，就是看得见、摸得着、闻得到、吃得香，能够很快引起生理和心理上的快感，不仅畅神悦情，还能强身健体，有明显的美感体验。

因此，饮食美学一方面要研究菜品色、香、味、形、器、名、时、疗等美的形态，另一方面也要研究人的体力、智力在菜品中如何形象地反映这一美的本质；一方面要研究厨师制作菜品和服务员文明服务中的审美意识，另一方面要研究食客品尝美味和筵宴社交中的审美活动，其视野相当广阔，知识的底蕴也十分丰富。

1.4.1 国外饮食美学研究现状

在国外，从西方国家看，西方人在饮食方面的研究更理性，强调科学与营养搭配。如有较为发达的食品工业，比如罐头、快餐等，虽口味千篇一律，但节省时间，营养丰富。从东方国家看，饮食研究比较发达且与中国饮食比较接近的，即为日本。但是，由于日本注重科学技术的发展，它现有的关于饮食的研究主要是从食品科学的角度切入的，而令日本饮食引以为骄傲的饮食形式美创造方面，现有的资料都还停留在实际操作经验的总结与推广的感性认识阶段，还没有将饮食提升到哲学美学层面的研究成果。因此，国外关于饮食美学理论及应用研究方面的论文并不多。

1.4.2　国内饮食美学研究现状

我国饮食审美的历史虽然古老，但饮食美学的学术年龄却很年轻。其年轻的表现，就在于从概念、范畴到基本理论体系，都少有定论。在近20年的不断研究、拓展中，根据研究内容的深度及广度，大致可以分为三个阶段。

1.4.2.1　立足美学的起步阶段

1984年，青年美术史论学者郑奇第一次公开提出了"烹饪美学"的概念，明确了"烹饪美"的地位及属性，为当时我国的烹饪研究开辟了一条新道路。在饮食美感研究方面，1985年《江苏商专学报》第二期刊登的记录郑奇与生理心理学博士朱锡侯教授关于饮食美感问题的谈话的《饮食·生理心理·美学》一文，第一次提出了"饮食美学"的概念。

随后，朱锡侯教授从感觉系统的发生机制上论证了快感与美感的一致性，而确立了饮食美感这一研究方向。同时，郑奇又从"美感的生理基础"与"快感的心理效应"入手，论证了低级感官味觉至少可以通过嗅觉反应通向高级的审美感。在此基础上，陈孝信对"饮食审美的范围、饮食美感的生理基础、饮食美感与一般美感的异同、饮食美感的特殊性（综合性、实用性、个性、多样性、特殊地位）"作了系统研究，建立了饮食美感的理论体系雏形。

此外，吴志健从审美联想的角度，论述了其在塑造菜肴形式美中的作用，以及烹饪审美过程中，审美联想的特征、分类及应用，是早期对饮食审美联想的深入思考。

后来，郑奇通过论述烹饪美学的研究概况，并从实用与理论两方面论述了烹饪美学学科建立的意义，而进一步确立了烹饪美学的地位。

在专著方面，郑奇、纪晓峰分别编著以及郑奇、陈孝信合著的《烹饪美学》，将烹饪技艺上升到了美学层面来探讨，标志了从学术观念上将烹饪美学正式纳入实用美学体系。

因此，饮食（烹饪）美学研究的起步时期，由于由美术学者郑奇发起，以及一些美术学者、心理学家、烹饪大师的多方参与，从整体上说，呈现出一定的美学的逻辑结构——对烹饪美学的概念、研究对象等进行了初步界定；虽然部分研究内容局限于烹饪美术，却也在饮食美感领域有了一定的突破，并试图横向建立起饮食（烹饪）美学的研究体系。

1.4.2.2　局部探索的初级阶段

丁应林对饮食触觉美的审美特征、触觉审美的过程及其机理，以及菜点触觉美的创造规律进行了研究，肯定了饮食美感中触觉美的地位。而吴志健首先从联系的观点，提出"中国烹饪艺术作为中华传统艺术之林中的一株奇葩，当然也应是'真、善、美'的高度融合、和谐统一"的观点，阐述了烹饪艺术"真、善、美"的内涵及其联系；随后，其从"意境"入手，又提出了"烹饪艺术意境是由形象及食品的味道交融、化合和升华等三大部分构成。"的观点，分析了烹饪意境"情""景"的关系，以及常用的烹饪美的意境及其塑造。

杨铭铎从审美客体的角度入手，探讨了美食概念、美食的构成要素和美食的直接创造者，形成了美食构成中"三特性"（质美、感觉美和意美）的理论雏形，并初步论述了美食三要素与饮食心理的关系。在此基础上，他又对筵席设计与美学的关系做了深入的剖析，指出筵席设计由两大原则支撑：基本原则和特殊原则。基本原则又由自然科学基础和美学基础（"三特性"和"十美"——质美、味美、触美、嗅美、色美、形美、器美、境美、序美和趣美）构成形成饮食美，特殊原则分别为筵席的主题、规格（左右筵席的档次）和礼仪（左右筵席的程序）。后来，有学者又对饮食美研究范围与性质进行了新的界定，提出了"饮食美是人们在饮食生活中的美的创造和审美，是自然美和艺术美的有机结合"的观点，并做了简要论述，还提出了饮食美感是"高级心理活动——精神快感"的观点。

此后，学者们陆续从不同的角度，阐述自己对于饮食美的理解。万建中指出我国饮食文化具有浓厚的社会功利性特征，并进一步提出"中国烹饪的美学原则是'自然美与艺术美的巧妙结合'、'食用与审美的和谐统一'与'实体美与意境美的有机结合'"的观点；汪惆款、张力平着眼饮食美感功利性突出的性质，论证了饮食烹饪美感的功利性存在的合理性，并以饮食烹饪文化的众多事实阐明审美活动和功利性两者之间客观、辩证的特殊性质；麦浪介绍了我国烹饪美学的综合性特征。此外，苏娜的《饮食的美学特征》、李长生的《烹饪艺术与美学》以及王迎全的《试论中国菜肴的"属性"》，实际上都是对烹饪艺术美表现形式（饮食美形态）的介绍；季鸿昆联系中国古代的美食思想，说明美食和风味的关系、饮食美感的内涵，讨论了饮食文化的社会功利性，最终提出了"'致中和'与'大统一'观念为当代中餐的饮食审美原则"的观点。

而在论著、教材方面，杨东涛等人编著的《中国饮食美学》，从我国饮食美学思想发展史、"美性"概念、饮食美感及饮食美的创造等方面进行了论述，以通史的形式对古典文献中的饮食美学思想进行了梳理并概括总结不同时代的相应特征，并从属于直觉感悟的一种传承认识模式——美性认识的角度，对我国人民的饮食观念和饮食制度的产生进行了论述，还从饮食美感的关系、饮食美感的构成以及饮食审美能力的构成及规律三方面对饮食美感进行了较系统的论述。

在饮食（烹饪）美学研究的初级阶段，学术界着眼于饮食美学的局部研究，虽然对于某些方面的研究有了一定的突破。但由于大多数研究要么仍局限于饮食产品的形式美层面，探讨烹饪工艺美术；要么习惯以我国古典哲学切入，仅着眼于饮食活动的意蕴进行探讨；要么从美学美感入手，进行饮食美感的局部研究，而无人注目和涉足饮食美学的全面思考和系统研究。

1.4.2.3　全面发展的体系构建阶段

杨铭铎在博士后研究工作报告《饮食美学及其在餐饮企业产品创新中的应用研究》中，首先立足马克思主义实践美学观，应用系统论的方法，从饮食美学内涵和餐饮产品创新内涵的界定入手，研究饮食美的本质论，阐述饮食美的概念内涵——饮食"真、善、美"的辩证统一；完善饮食"三特性、十美"的内涵，形成饮食美的形态论；对饮食美感进行综合研究，证明饮食美感的存在性，明确饮食美感的心理过程，分析饮食美感的特征；以饮食审美活动中代表饮食主、客体交互作用产生的饮食美感为依据，提出饮食美学基本范畴；深入分析饮食活动实际过程的饮食美产生与发展的动态机制。之后，进一步从饮食美学扩展到餐饮企业产品创新，立足餐饮产品创新的过程，针对存在的若干问题，从主体系统、客体系统、支持系统和评价系统四个角度构建餐饮产品创新的系统模式，进行深度论证，进而从主体系统、客体系统和支持系统三方面对完善餐饮产品创新系统模式进行研究，构建基于饮食美学的餐饮产品创新评价指标体系，运用层次分析法和模糊评价方法进行评价。最后，系统提出基于饮食美学的餐饮产品创新的对策建议，从而完成了饮食美学从理论体系与应用研究的初步构建，使饮食美学的研究真正提升到了美学层面、系统研究层面，进入了全面发展阶段。此后，杨铭铎在其报告基础之上，结合人类饮食审美意识起源和我国传统饮食文化等社会背景因素进行的饮食美学体系内涵的进一步深化而形成的专著《饮食美学及其餐饮产品创新》，又将饮食美学的研究阶段向前推进了一步。

1.4.3　饮食美学研究的意义

那些对于饮食美学及餐饮产品创新的研究绝不是偶然出现的。它根植于现实饮食生活的肥沃土壤中，成长于生产力飞速发展的历史条件下，适应人们饮食生活双重目标的追求，受饮食生活各种问题的激励，反映人们饮食生活、美学研究的创新思维。

任何一门学科的兴起和发展皆因为其具有实用价值。餐饮工作者将美学规律自觉运用于饮食生产过程和饮食社会生活，使人的饮食美创造和饮食美欣赏达到目的性与规律性统一，这正是饮食美学的功用所在。

1.4.3.1　指导餐饮生产实践，提高产品综合价值

所谓综合价值是指餐饮企业产品内在功能价值和外在美学价值的有机结合。饮食美学将饮食与艺术、科学与美学相互结合、相互渗透，有利于餐饮业的进步与发展。在保证餐饮产品营养和卫生食用性的同时，追求饮食活动全程的审美化，使饮食在万象世界中不仅仅只是单纯为满足人类生存需要的物质而存在，还可以蕴藏丰富的美的内涵，成为陶冶人的性情、愉悦人的精神的审美活动。

1.4.3.2　美化劳动条件，组织文明生产，提高劳动生产率

饮食美学侧重于解决饮食活动中的劳动条件与人的生理和心理的和谐问题。在物质方面，一定程度上提供最美、最佳劳动条件，解放餐饮工作者，满足餐饮工作者在劳动过程中的审美需求。在精神需求方面，提供和谐的人际关系和科学的个人职业生涯发展平台，增强餐饮工作者的组织观念，提高其劳动素质和审美能力，从而实现生产工具、工作环境、劳动对象与饮食美创造者的优化组合，自然而然地提高餐饮企业的生产效率。

1.4.3.3　实现社会进步，构建和谐社会

饮食文化源远流长，其内涵凝结着人类遵循美的规律、创造美和欣赏美的智慧，是人类本质力量对象化的典型。饮食美学凭借其基础性、普遍性、频繁性，以美的形象诱导为手段，以美或心理运动为中介，在循序渐进的滋养熏陶下使人类的饮食活动具备了科学美、社会美的特性，最终促使人们成为真正"全面而自由发展"的人。

总之，饮食美学既具备科学性，又具备美学性，能够进一步开拓、创新餐饮生产方式和饮食生活方式。

思考题

1.园艺植物食品如何进行分类？
2.园艺植物作为食品具有哪些特点？

第❷章
园艺植物与食品的渊源

2.1 水果及其食品的历史

2.1.1 国内外的水果及水果制品发展历史

在土耳其西部的安纳托利亚发现的苹果炭化物和在瑞士的史前遗址发现的苹果、胡桃等炭化物，均表明公元前6500年人类已采集并用水果作为食物。古埃及、巴勒斯坦、中国等是最早种植水果的国家，在古希腊和罗马的著作中最早有清楚文字记载水果并称之为栽培品种，古罗马人不仅将水果作为食物，而且还用葡萄酿造出不同的佳酿。

我国作为四大文明古国之一，上下五千年的历史，水果文化在璀璨的中华民族历史文化中随处可见。据公元前3世纪《夏书·禹贡》记载："扬州……厥包桔柚，锡贡，荆州……包匦菁茅。"这说明我国夏代扬州、荆州就产桔和柚，并被列为贡品。由此可知，我国果树栽培历史至少有4000年以上。起初，人类采集野果只是单纯为了解决温饱，只是物质上的享受，但随着人类社会不断发展，人们生活水平不断提高，水果食品业得到很大的发展。据明代《蓬拢夜话》中说："黄山多猿猴，春夏采集花果于石洼中酝酿成酒，香气溢发，闻数百步。"清代《粤西偶记》也记载："粤西平乐等府，山中多猿，善采百花酿酒。樵子入山，得其巢穴者，其酒多至数百石，饮之，香美异常，名曰猿酒。"从这些文字记载当中可以看出当人类还居住在洞穴之中时，就已经将野果放在洞穴中自然发酵，酝酿出酒香，可称之为中国果酒的始祖。春秋战国时期，人们用蜂蜜腌制水果，《礼记·内则》中记载："子事父母、妇事姑舅，枣、栗、饴蜜以甘之。"意为后辈用饴蜜浸渍枣、栗，使其味道甘美，并以此来孝敬长辈，这也是我国蜜饯果脯的雏形。到了唐代，为储存入贡的水果，宫廷中采用蜂蜜浸泡，开始有了"蜜煎"之称。水果的生产季节性比较强，为防止腐烂和调节匮乏期，尤其是出于久藏的目的，人们对水果进行加工，这也促使更多的水果制品产生。我国杰出农学家贾思勰在其所著的《齐民要术》中记载了多种水果加工的方法，包括干制、作脯、作油、作**、腌渍、作果酒、果醋等。其中通过干制而成的食品便是我们今天所看到的各种水果干，而《尚书·说命》有"若作和羹，尔惟盐梅"描写，用盐和蜜腌过的梅，可以"经年如新"。而且，这些水果食品一直流传至今。

经过多年的发展，水果文化经过一代又一代的传承，在现代被继续发扬光大，相继出现了各种水果食品。19世纪开始，欧洲人发明了一种水果食品——果酱。同样是19世纪初，法国人尼古拉斯·阿培尔提出加热、排气和密封的罐藏食品基本方法，宣告罐头食品诞生。

经过不断的发展，人们也相继学会制作水果罐头，主要有糖水、糖浆、果汁、果酱和瓜类罐头。人们以丰富的经验总结出，许多水果与肉类、海鲜都可以做出完美的搭配，并会给人们带来不同的口感。于是，水果餐颇为流行，受到了很大欢迎，质量也不断得到提高。水果文化经过数千年的发展，伴随着越来越多的水果食品的产生，正在掀开崭新的一页。

2.1.2 传统水果食品的文化历史

2.1.2.1 果酒

关于果酒（图2-1）的传说，宋代周密在《癸辛杂识》中曾记载山梨被人们储藏在陶缸中后竟变成了清香扑鼻的梨酒。元代的元好问在《蒲桃酒赋》的序言中也记载某山民因避难山中，堆积在缸中的蒲桃也变成了芳香醇美的葡萄酒。从这些历史记载中不难看出，人类最初是无意识地发现自然酿酒，从而逐渐引出主动酿制果酒的文明活动。曾有人说从人类社会发展历史的角度来探讨，中国果酒可能是人类最早发明的酒。

果酒文化与我国酒文化休戚相关。酒文化，是指酒在生产、销售、消费过程中所产生的物质文化和精神文化总称。酒文化博大精深。"自古圣贤皆寂寞，唯有饮者留其名。"李白有举杯邀明月的雅兴，苏轼有把酒问青天的胸怀，欧阳修有酒逢知己千杯少的豪迈，曹操有对酒当歌人生几何的苍凉。在唐代更被文人墨客所喜爱，唐代大诗人李贺赞道："琉璃钟，琥

图2-1　果酒

珀浓，小槽酒滴珍珠红……"不仅为诗如是，在绘画和中国文化特有的艺术书法中，酒神的精灵更是活泼万端。"吴带当风"的画圣吴道子，作画前必酣饮大醉方可动笔，醉后为画，挥毫立就。"元四家"中的黄公望也是"酒不醉，不能画"。"书圣"王羲之醉时挥毫而作《兰亭序》，"遒媚劲健，绝代所无"，而至酒醒时"更书数十本，终不能及之"。怀素酒醉泼墨，方留其神鬼皆惊的《自叙帖》。草圣张旭"每大醉，呼叫狂走，乃下笔"，于是有其"挥毫落纸如云烟"的《古诗四帖》。果酒文化也与中国的酒文化一脉相承，不同的是果酒文化输入了现代健康理念，将果酒文化与养生保健相融合，深入挖掘"果酒"对人类的价值。

2.1.2.2 蜜饯果脯

我国最早关于果脯的文字记载是战国时期《礼记·内则》。当时人们就已经知道用蜜来做甜味剂，这就是我国蜜饯果脯制作的雏形。

汉代，人们已能用甘蔗浆熬制糖膏，这较战国时期使用饴蜜已是一大进步。糖膏的出现推动了蜜饯果脯制作的发展。这一时期的制作工艺是：将新鲜果实放在糖膏中熬煎、浓缩，以除去水分，增加果品的甜味，延长其保存期。

唐代是我国商品蜜饯果脯生产发展的黄金时期。在这一时期，人们向印度学习了熬糖法，在制作糖膏的基础上，将甘蔗汁浓缩、脱色、结晶成为白砂糖。白砂糖的问世，由于其使用方便和便于运输储存，极大地促进了当时食品加工业的发展，同时也为蜜饯果脯加工从个体生产转向商品生产创造了条件，这是我国蜜饯果脯生产历史上的一个重大转折与进步。但是，当时的商品生产由于受资源、场地及果实收获季节的限制，蜜饯果脯生产利润不高，小本经营者望而却步，这也正是形成商品生产的困难所在。

图2-2　蜜饯果脯

宋代是蜜饯果脯发展的兴盛时期。此期的蜜饯果脯品种已相当丰富。如《饮食果子》中记载的"煎西京雪梨、夫梨、甘棠梨"、《梦粱录》中记载的"十色蜜饯"、《西湖老人繁胜录》中记载的"蜜金橘、蜜木瓜、蜜林檎……"。从加工的原料来看，不仅有水果中的核果类、柑橘类、浆果类，而且出现了以蔬菜为原料来制作的蜜饯，如胡萝卜、冬瓜、莲藕、莲子等。南宋时期在制作工艺上有了新的创造和突破，创制了雕刻蜜饯。雕刻蜜饯小巧玲珑、千姿百态、栩栩如生、成了宫廷宴席上的绝美佳品，如蜜冬瓜鱼、雕梅花球、青梅荷叶、雕花金橘、蜜笋花、雕花姜等。

明代，蜜饯果脯生产已相当发达，全国各地根据各自的原料、乡土口味、加工条件等，形成了各自的生产特色，在蜜饯果脯行业出现帮式，如苏式蜜饯等。此时，各地都选择色、香、味、形俱佳的蜜饯果脯作为进贡佳品，许多蜜饯果脯深得皇室的赏识，如天香枣、金橘饼、雕梅等。

目前，我国蜜饯果脯基本处于加工原料资源丰富，加工技术相对落后，加工产品单调、竞争力低的状态。因此，我们要不断努力创新，改进制作的传统工艺，提高产品质量，把传统工艺与现代技术结合起来，恢复我国食品历来就有的"东方美食"之誉，繁荣蜜饯果脯市场。

2.1.2.3　果酱

果酱是由19世纪的欧洲流传开来的。水果旺季时一些欧洲家庭都会选择把水果做成果酱，这俨然成了一种传统。果酱（JAM）名称的由来，据说起源于英国古代方言中的CHAM一词，不过这个词现在已经废弃了。而JAM不管是在古代还是现在，都有"好好咀嚼"和"填满"的意思，这也符合果酱的本义，把容易消化、美味和营养丰富的食物同时放入容器中。

关于果酱的诞生，有三种说法：一是，在旧石器时代，人类就有制作果酱的迹象。在距今1万年至1万5千年前的旧石器时代后期的西班牙洞穴里，考古学家们发现了人类从蜂窝中掏取蜂蜜的痕迹；后来，他们又发现了土壤中有果实被烹煮过的痕迹。这表明果酱有史以来就是伴随人类最古老的保存水果食品。二是，据传在公元前320年，著名的亚历山大东征后，把珍贵的砂糖带回了欧洲，然后开始令人制作果酱，当时的王公贵族们都非常珍视。之后的继续远征，也带回了大量的砂糖，果酱开始普及起来。在当时，果酱被欧洲国家认为是一种贵族的奢侈品，也只有王公贵族才能享用。三是，与阿拉伯世界的接触让欧洲人发现了砂糖，随后也发现了果酱。起初果酱是作为治疗咳嗽等疾病的药物出现的，经过后来的发展

图2-3　火龙果炒鸡丁

才成为一种日常食品。无论果酱是如何诞生的，果酱在当今依然是欧洲家庭常备的美食之一，他们始终认为这是一种天然、健康、营养丰富而又美味的食品。

2.1.2.4　水果菜肴

尽管水果菜肴在近几年才开始流行，但是关于水果菜肴在历史上早有记载。宋佚名《南窗记谈》载"有武臣杨应诚独曰：客至设汤，是饮人以药也，非是。故其家每客至，多以蜜渍橙、木瓜之类为汤饮客。"而《事林广记》别集卷七《诸品汤》也列举了荔枝汤、香橙汤、乌梅汤等水果汤品。发展至今，各种水果菜肴层出不穷，如柠汁鲩鱼脯、灌汤香芒虾球、菠萝干贝、蜜瓜凤尾虾、火龙果炒鸡丁（图2-3）等。

2.2　蔬菜及其食品的历史

2.2.1　蔬菜在我国的研究历史

"蔬"，可食用的草菜总名，字初作"疏"，汉魏间始有"蔬"字。传说有神农尝百草的佳话，反映的就是古代人民为生存而寻找食物的史实。研究表明，早在新石器时代，野菜就是人类采集的对象之一。我国已发掘的一些新石器时代遗址，如浙江余姚河姆渡遗址中出土了大量的瓠和菱角；浙江吴兴钱山漾遗址中出土了菱角和甜瓜子等；甘肃秦安大地湾新石器时代遗址和西安半坡遗址出土了芸薹属（可能是油菜、白菜或芥菜）种子，说明有些地区在七八千年前已开始栽培蔬菜，同时也指出应在初冬采收时"……择其良者"。到了西周和春秋时期，《诗经》中有不少有关蔬菜的诗句；元代农书中对萝卜的采种有专门叙述；清代更注意到雌雄异株的菠菜采种应多留雌株，说明当时已知采集这些植物食用。这都反映了当时人们食用蔬菜的情况。

古代文献中，不仅有"百谷"的记载，且有"百蔬"之说。《国语·鲁语上》记载："昔烈山氏之有天下也，其子曰柱，能殖百谷百蔬。""菜"，义同蔬，如《国语·楚语下》："庶人食菜，祀以鱼。"文献中虽有"百蔬"之说，但较具体而常见的是所谓"五菜"：葵、韭、藿、薤、葱。"葵"，即冬葵，或称冬苋菜，如《诗经·豳风·七月》记载："七月烹葵及菽"。葵是古代最重要的蔬菜之一，"五菜"之中，葵列首位。《齐民要术》在"蔬类"第一篇即列《种葵》，其中详述栽培方法，至元王祯《农书》仍以葵为"百菜之主"。但到明李时珍的《本草纲目》中，葵便由蔬菜行列，转迁入草的队伍了。"藿"，即豆叶，如《广雅·释草》记载："豆角谓之荚，其叶谓之藿。"在蔬菜中，藿的品质较粗疏，一般为平民常食。《战国策·韩策一》记载："民之所食，大抵豆饭藿羹。"汉刘向《说苑·善说》记载了晋献公使者对东郭草民祖朝说的话："肉食者已虑之矣，藿食者尚何与焉？"此以"肉食者"指代贵族，显然，藿是平民常食，故以之为平民代称。"薤"，即蒜头，如《礼记·内则》记载："脂用葱，膏用薤"。"五菜"中的韭、葱这里就不再详细叙述。

我国蔬菜的种类繁多，在春秋以前，《诗经》中载有韭、芜菁、大豆、扁蒲、水芹、金针菜等；秦汉以前的《礼记》《尔雅》和《东方朔士谏》中，载有薤、姜、菱、苋菜、荸荠、萝卜、芋头等蔬菜；汉代时期的《大戴礼记》《尹都尉》记有大蒜、芥、瓜葵、蓼、葱等蔬菜；在晋代前的《广志》《山海经》等古籍中又出现冬瓜、山药、百合等蔬菜；隋唐时期的《种树书》中有菠菜等蔬菜的记载；唐宋时代杜北山的《咏丝瓜》中，介绍了丝瓜的栽培方法；宋代的《嘉祐本草》中记有茼蒿等。汉武帝派遣张骞多次出使西域，通过"丝绸之路"引进了黄瓜、芫荽、大蒜等20～30种蔬果，《四时纂要》一书中收集整理的蔬菜有36种之多。蔬菜生产发展进入黄金时代，是在明王朝郑和七次下西洋后，引进的蔬菜种类更为丰富，有南瓜、苦瓜、菜豆、马铃薯、辣椒等数十种。著名农艺学家徐光启在编著的《农政全书》中整理蔬菜47种。对蔬菜整理分类最完善的书籍，是清代著名植物学家吴其浚编的《植物名实图考》，书中刊载蔬菜80余种。到目前，我国蔬菜分类专家归属定名的达150～160种，一般按照食用部分分为根菜类、茎菜类、叶菜类、花菜类和果菜类。

2.2.2 传统蔬菜食品的文化历史

2.2.2.1 蔬菜干制品

食品干制是一种具有悠久历史的加工方法。北魏时期贾思勰的《齐民要术》中就有关于干制食品的记载，明代李时珍的《本草纲目》中则提到了采用晒干制桃干的方法，《群芳谱》一书中记有先烘枣而后密封储藏的方法。

自然干制为我国长期广泛采用的干制法。我国著名土特产如干辣椒、金针菜、玉兰片、萝卜干、霉干菜、香蕈等都是晒干或阴干制成。由于受到气候条件的限制，难以实现大规模的生产，人们逐渐摸索出人工加热的干燥方式，如烘、炒、焙等，而大规模的生产直到1875年才得以出现。

2.2.2.2 蔬菜腌渍品

由于我国有许多原产蔬菜，很早就制作和应用食盐，新石器时代就已发明了陶器，公元前就掌握了制曲术，因而我国制作加盐的腌制品的历史甚为悠久，可能起于周代以前。古籍中的"菹"字，指将食物用刀子粗切，也指这样切过后做成的酸菜、泡菜或用肉酱汁调味的蔬菜。至汉以后，"菹"字泛称加食盐、加醋、加酱制品腌制成的蔬菜。《周礼·天官·醢人》"七菹"郑玄注："韭、菁、茆、葵、芹、箈、笋……凡醢酱所和，细切为齐，全物若牒为菹"。《说文》记载："菹，酢菜也。"南朝梁宗懔《荆楚岁时记》记载："仲冬之月，采撷霜芜菁、葵等杂菜，干之，并为干盐菹。"清袁枚《随园食单》记载："腌冬菜黄芽菜，淡则味鲜，咸则味恶。然欲久放非盐不可。常腌一大坛三伏时开之，上半截虽臭烂，而下半截香美异常，色白如玉。"1971年，湖南长沙马王堆西汉墓中出土的豆豉姜，是我国迄今发现的最早的实物证据，是世界上储藏最久的酱菜。我国制作酱菜的调料，主要有盐、酱、酒糟、酱油、糖、醋、蜜、虾油、鱼露等。北魏贾思勰《齐民要术》一书中，记载的"菹"共数十种，大多是盐醋制品，是腌制品工艺史上极重要的史料。至明、清时，腌制品水平达到最高点，品种极为丰富，这是中国人民对人类饮食文明特有的贡献。

2.2.2.3 蔬菜糖制品

蜜饯果脯作为我国特有的传统食品，历史悠久，声名远扬。经过长期实践，逐步形成了"四大系"，即京式、广式、苏式、闽式。早在1913年巴拿马万国博览会上，我国的蜜饯果脯就曾获得金盾奖章，深受国内外各界人士的好评。我国蜜饯果脯的生产始于周，兴于宋，盛于今。传统的蜜饯果脯一般以水果为主，随后开始出现了以蔬菜为原料的蜜饯，如南瓜、番茄、黄瓜、芦笋、姜、蒜等，这些蔬菜蜜饯微甜、微酸、微辣、微咸，营养全面，风味独特，深受消费者喜爱。这类糖制蔬菜的制作方法和工艺类似于水果果脯，此处不再赘述。

2.2.2.4　蔬菜饮料

蔬菜饮料是以新鲜或冷藏蔬菜为原料，经压榨而得的汁液，含有多种维生素和矿物质，保留了蔬菜的营养成分，是蔬菜营养的精华所在。我国的蔬菜饮料生产加工起步较晚，在20世纪80年代中期开始研制，现已形成根茎菜、绿叶菜类蔬菜为主要原料的蔬菜汁饮料、蔬菜浓缩浆、特种蔬菜饮料三个系列产品的雏形体系。但由于一直受生活观念、生活习惯、生活水平以及社会经济状况的影响，产品开发、应用水平比较低，产业发展速度也相当缓慢，现阶段我国蔬菜饮料生产仍处于初级阶段。

就目前来看，由西红柿、胡萝卜、芹菜、卷心菜等与乳酸酪混合制成的菜汁饮料，是当今西方一些发达国家的畅销商品。蔬菜与茶、咖啡、牛奶配制的菜味咖啡、菜味奶酪、番茄茶及菜汁啤酒等，在国际市场上的贸易量逐年上升。在国内，物美价廉的胡萝卜汁等已成为市场新宠。具有清凉滋补功能的西瓜汁、冬瓜汁等逐渐受到消费者的欢迎，使得蔬菜饮料市场日益繁荣。

2.3　食用花卉及其食品的历史

2.3.1　食用花卉在我国的研究历史

花卉的食用历史，最早可以追溯到春秋战国时期，伟大的爱国诗人屈原留下的名句："朝饮木兰之坠露兮，夕餐秋菊之落英。"便是最好的证明。"蕙肴蒸兮兰藉，奠桂酒兮椒浆。"中则是把蕙、兰作为食物来祭祀神灵。不过在当时，花卉食品还是主要出于实用性的目的，为人们提供果腹的功能。由于当时的瓜果蔬菜还是比较稀少，所以花卉食品自然而然成了三牲之外祭祀神灵和祖先的首选。

秦汉时期，花卉的食用已没有了太多宗教与神话色彩，取而代之的是人们对花卉食品养生和避恶功能的重视。最明显的例子就是重阳节饮菊花酒，当时的人们认为花卉不仅味道甘美，而且对身体有一定的补益作用。

魏晋之际，随着道教的兴起和对花卉补益作用认识的深入，花卉的养生保健价值进一步受到世人和道家的重视。这一时期最显著例子的是一些文献中出现了很多道士服用了某些能够延年益寿的花卉果实而得以长生或升仙的故事。《神仙传》记载，渔阳一个名叫凤纲的人，"常采百草花以水渍泥封之，自正月始尽九月末止，埋之百日，煎丸。"因经常服食此药，凤纲最终"得寿数百岁不老，后入地肺山中仙去。"

到了隋唐时期，食用花卉已经流行于上层社会和文人士子之间，菊花糕、桂花鲜栗羹和木香花粥，都是宴席上的珍品。在这时期，随着封建社会发展至鼎盛，食用花卉的文化也得到了很大的提升。《花里话》中记载："武则天花朝日游园，令宫女采百合，和米捣碎蒸糕，以赐众臣。"

宋代林洪的《山家清供》收录梅粥、莲糕、雪霞羹、广寒糕等花卉食品，说明当时人们已经学会了分别将梅花、菊花、桂花和文官花调制成多种山林风味食品。

由于花卉独特的芳香和风味，花卉菜肴备受皇家青睐。明清时期，《帝京岁时纪胜》和《燕京岁时记》等文献中也有很多民间食用花卉食品的记载，如三月榆钱糕、四月藤萝饼、端阳玫瑰饼等。这些都表明清代花卉饮食已经"飞入寻常百姓家"，成为市井里巷深受民众欢迎的风味食品。

我国至今各大菜系中仍保留花菜。粤菜的菊花蛇羹、菊花凤骨、大红菊；岭南菜的菊花鲈鱼窝、酿夜香花、霸王花汤、莲花肉及鸡蛋花茶；沪菜中的荷花栗子、桂花干贝、茉莉汤、菊花鲈鱼等。而且，目前我国的部分地区，仍保留着食用花卉的习俗文化。例如，台湾曾在1991年举办"逛花街，喝花酒，吃花卉大餐"的活动；云南有20多个少数民族，食用的花卉上百种，除了煮汤、烧肉外，还与辣酱拌食。

2.3.2 我国传统花卉食品的文化历史

2.3.2.1 花酒

花酒即用花卉酿成的酒，在中国古代就已盛行。早在战国时期，人们已经用桂花酿酒。屈原的《离骚·九歌》中有"奠桂酒兮椒浆"的名句。而李时珍则在《本草纲目》中详细介绍了松花酒的酿造方法。据《西京杂记》记载："菊花舒时，并采茎叶，杂黍米酿之，至来年九月九日始熟，就饮焉，故谓之菊花酒。"而唐代李颀的《九月九日刘十八东堂集》中就有"风俗尚九日，此情安可忘。菊花辟恶酒，汤饼茱萸香。"的句子。这说明在当时的重阳节，人们登高、赏菊和饮菊花酒。在三国时期曹植的《仙人篇》当中，有"玉樽盈桂酒"的诗句，可见，除了菊花酒外，古代还用其他花卉酿酒，诸如桂花酒、玫瑰酒等。此外，还有其他文献记载了"梨花酒"，谓其香气迷人，兼有营养与观赏价值。

随着时代的变迁，花卉酿酒经过一代又一代的传承，已经创造了多种新型花酒。至今，有研究者采用在麦汁煮沸结束时添加一定量的酒花和菊花，并在清酒罐中添加菊花馏出液的工艺酿造啤酒，发现酿出的啤酒有色泽浅、菊花香气明显、持久挂杯、口味纯正、淡爽等特点。用菊花生产的啤酒具有很好的保健作用，市场较广泛，经济效益较高。花卉酿酒有悠久的文化历史，也给后世留下了珍贵的财富。

2.3.2.2 花粥与花饭

鲜花入粥，早在唐代就有记载。《五杂俎》卷十中"卢怀慎作竹粉汤，蔺先生作兰香粥……"便是用兰花下粥。宋代的"梅粥"更是驰名远近的粥中极品，为人们心中的上选之品。林洪的《山家清供》中记载其制作方法："扫落梅英，拣净洗之，用雪水同上白米煮粥。候熟，入英同煮。"杨万里亦有诗云："才看腊后得春饶，愁见风前作雪飘。脱蕊收将熬粥吃，落英仍好当香烧。"为了能够长期食用梅花，宋人发明了很多保存梅花的方法，其中最常用的是蜡制梅。《山家清供》中记载："十月后，用竹刀取欲开梅蕊，上下蘸以蜡，投蜜缶中。夏月，以热汤就盏泡之，花即绽，澄香可爱也。"在清代所著的《饮食辩录》（又名《调疾饮食辩》）中载有"桂花薏苡米粥"，即以薏苡仁加入适量的桂花、砂糖煮成。此外，像白玉兰、菊花、核桃花、梅花、榆钱花、玫瑰花等都可煮粥（图2-4），食之香气宜人，使人食欲大增，精神倍爽。

鲜花入饭，主要是菊花。北宋司马光所著的《司马文正公传家集》卷二有记载："菊畦濯新雨，绿秀何其繁……乃知惬口腹，不必矜肥鲜。"可见，菊花不但可调制出鲜美的羹，还可以配煮出香喷喷的饭。《山家清供》中也有记载"金饭"即菊花入饭的制作方法。到了清代，花饭已经是用来宴客的美味之一。戏曲理论家李渔在《闲情偶寄》中记

图2-4 玫瑰花粥

述："宴客有时用饭，必较家常所食者为稍精。精用何法？……露以蔷薇、香橼、桂花三种，与谷性之香者相若，使人难辩，故用之。"

2.3.2.3　花糕与花饼

花卉制糕，早在战国时期的《九章·惜诵》中就有记载，其中的"播江离与滋菊兮，愿春日以为粮芳。"意为把菊花掺和到谷物中制成干粮。不过，类似此做法且广泛应用的是做成糕点。唐代有一式著名的糕点称"百花糕"，据唐代刘𬶍的笔记小说集《隋唐佳话录》记载，此种糕点是女皇武则天发明的。据说，有一年花朝节到了，她率宫女游园观花，看着那些争奇斗艳的花儿，她突发奇想，命令宫女采下大量的各种花朵，回宫按着她设计的方法，和米捣碎，蒸制成糕，于是，著名的糕点"百花糕"诞生了。每逢花朝之日，她都用这香糯可口的点心作为礼品分别赏赐群臣。不过花糕开始流行是在宋代《山家清供》记载之后，里面记载了多种我国传统名糕，如桂花糕、菊花糕、莲花糕、玫瑰糕等。清代黄云鹄的《粥谱·花药类》中也有广寒糕的相关记载："采桂花，去青蒂，洒以甘草水，和米春粉，炊作糕。"在美好的中秋佳节，口食糕点，抬头即明月，别有一番风味。

花饼的制作，历史上鲜有文献记载，清末富察敦崇的《燕京岁时记》中记载："三月榆初钱时采而蒸之，合以糖面，谓之榆钱糕。以藤萝花为之者，谓之藤萝饼。皆应时之食物也。"描述的就是著名京式四季糕点之一的藤萝饼。藤萝饼皮层次丰富，口味香甜适口，酥松绵软，具有浓郁的鲜藤萝花清香味，令人品尝后难以忘怀。《食宪鸿秘》卷上也记述"玫瑰饼"的制作方法："捣玫瑰去汁，用剩余的渣，加入白糖，用模制作饼。"又记述"菊饼"："黄甘菊去蒂，捣去汁，白糖和匀，印饼。"而《调鼎集》卷十记载了一种"桂花饼"的做法："晾干去蒂，整朵浸蜜装盆，锤烂去汁，用渣入洋糖，印小饼。"

2.3.2.4　花茶

花茶（图2-5）的制作，至今已有七八百年的历史了。宋人喜对花饮茶，陆以的《冷庐杂识》记载："对花啜茶，唐人谓之煞风景，宋人则不然，张功甫《梅花宜》称，有扫雪烹茶一条。"辛苦劳作的劳动人民从"对花啜茶"中，受到茶叶善于吸收异味的启发，于是出现引香入茶的萌芽。据宋代熊蕃撰《心宣和北苑贡茶录》的记载，"初，贡茶皆入龙脑。"当时的贡茶加入龙脑香，不过因为造价过于昂贵，且影响茶的真味，所以此方法未能发展下来。而《茶录》中记载："建安民间试茶，皆不入香，恐夺其真，若烹点之际，又杂珍果香草。"宋代民间茶叶加入"珍果香草"已十分普遍，此方法也一直保留至今。

不过，这些至多算是花茶的雏形。真正花茶的制作，茶叶要经过鲜花窨制，其品质才会有质的变化。到了南宋时期，人们已经学会了用香花熏茶的花茶制作方法，这可以从陈景沂的《全芳备祖》中"茉莉薰茶及烹茶尤香"体现。明清时期则是我国花茶制作历史上的一个重要时期，制茶的技术不断地提高，各类花茶也相继出现，花茶窨制技术也得到了快速发展。明人顾元庆的《云林遗事》中记载的"莲花茶：就池沼中，……锡罐盛扎以收藏"就详细介绍了自制"莲花茶"方法。不过此法制成的花茶虽然质量很好，但步骤麻烦，不能大量生产，所以也未能传承下来。此外，钱椿年的《茶谱》和刘基所撰《多能鄙事》中也介绍了各类花茶窨制的方法，诸如桂花、茉莉、玫瑰、蔷薇、蕙兰、栀子、木香、梅花、玉兰、珠兰等。明清时期的封建君王酷爱花茶，故商人们便投其所好，花茶业一片繁荣。目

图2-5　花茶

前，花茶已成为我国五大茶类之一，它不仅有茶叶的优点，而且有利于人体健康。随着花茶窨制技术的不断改进，科学研究工作蓬勃开展以及我国的茶文化的发展，花茶必将焕发出更加绚丽夺目的光彩。

2.3.2.5　花馅与花酱

鲜花可以用来做成各种馅，用以做包子或者饺子等，最出名的是"玫瑰粉饺"。鲜花制馅历史文献只有零星记载，清代的《随息居饮食谱》当中就记载了桂花制馅："盐渍糖收，造点作馅，味皆香美悦。"书中还记载了玫瑰花制馅："糖收作馅，浸油泽发，麝粉悦颜。"而《调鼎集》卷十则记载了藤花制馅："采花洗净，盐汤洒拌，入甑蒸熟，晒干，作馅食，美甚。"当然，鲜花制成的馅也可以作为精美糕点的内心的夹层。

鲜花不仅可以做成主食、饮品供人们食用，还可以做成调味品——花酱。《五杂俎》卷十中有载："菊蕊将绽时，以蜡涂其口，俟过时摘以入汤，则蜡化而花苗馨香，酷烈尤奇品也。"花酱的制作方法大致是将花体捣碎，用盐、卤、油和糖腌之，从而形成稠状。清代的《调鼎集》卷十记述玫瑰酱的制作："上年先收酸梅，盐腌，俟晒久有汁，入瓷瓶存储。次年摘玫瑰花，阴干，将梅卤量为倾入，并洋糖拌腌，入罐封好待用。矾腌者，只宜浸油，不可食。"这是明清时期制作花酱的一种常用手法。此外，还有桂花酱、百合花酱等，其中应用较为广泛的是桂花酱，可制作桂花白糖年糕、酒酿元宵、藕粉圆子等。

2.3.2.6　传统花卉菜肴

（1）茉莉汤

茉莉原产于波斯湾、印度一带，后引入我国。关于我国引进茉莉的时间与地点，《辞海》《古代花卉》《茉莉》等历史文献都有记载，不过却是众说纷纭。茉莉引入我国大概是在晋代以前，云南一带最先引种，之后向广东、广西、福建等地传播。到了宋代，栽培地区继续扩大，当时主要作为庭园观赏植物。从明代起，茉莉开始作为药用植物。元朝时，人们已经将茉莉运用到菜肴当中，也就是著名的茉莉汤。《居家必用事类全集》中记载："用蜜一两重，甘草一分，生姜自然汁一滴，同研令极匀，调涂在椀中心，抹匀不令洋流，每于凌晨采摘茉莉花二三十朵，将放药椀盖其花，取于香气熏之，午间乃可点用。"此法只取花之香气，饮时虽不见花瓣，却是"无声胜有声"，让人在袅袅花香中回味无穷。

（2）菊花鲈鱼

从古文献的记载中来看，我国是菊花的原产地，早在周代时期就有关于野菊的记载，《礼记·月令》中的"季秋之月，鞠有黄华。"而战国的《吕氏春秋》中也载有"鞠有黄华"，可见秦以前都为黄色野菊。而到了战国时期，菊花已作食用了，屈原留下的名句"朝饮木兰之坠露兮，夕餐秋菊之落英。"便是最好的证明。唐宋时期则是菊花文化发展最快的一个时代，留下了大量关于菊花描写的文献，如白居易的《重阳席上赋白菊》、刘禹锡的《和令狐相公玩白菊》与刘蒙的《菊谱》等。而早在隋代，就已经有了著名的菊花鲈鱼（图2-6）。菊花鲈鱼是福建福州地区汉族风味名菜，形似菊花，朵朵挺俏。鲈鱼体延长，侧扁，口大，下颌突出，银灰色，背部和背鳍上有小黑斑。隋炀帝在其《烟花记》中载有对鲈鱼的评价："所谓金齑玉脍，东南之佳味也；糖醋味，色泽微黄，颇为雅致，酥香嫩鲜，甜酸适口，健脾开

图2-6　菊花鲈鱼

胃调理。"

（3）芙蓉豆腐

芙蓉花别名木芙蓉、拒霜花、木莲，为锦葵科木槿属的落叶灌木或小乔木。芙蓉花原产我国，主产于四川、湖南、湖北、云南、山东等地，其中栽培最多、历史最悠久的，要首推成都。早在五代十国时，成都城上木芙蓉特盛，据说是后蜀主孟昶所栽。每到深秋，四十里高下，木芙蓉盛开，如锦似绣，故成都有锦城和蓉城之称。湖南在1000多年前，木芙蓉遍及湘江沿岸，唐末诗人谭用之就有"秋风万里芙蓉国"之句，因而湖南又有"芙蓉国"的美誉。芙蓉花观赏价值高，实用价值也不小，作为药食兼用，《本草纲目》早有记载，其花、叶、根具有清肺、凉血、散热、解毒的功效，可治大小痈疽、肿毒恶疮，并能排脓、止痛，多用于外敷。用其花泡制成芙蓉膏，外敷可消炎清热，治疗疮疡、肿毒等疾病。而宋代时

图2-7 芙蓉豆腐

期，芙蓉入撰作的"雪霁羹"很受人们喜爱，至清代已然是餐桌上的美味。据《山家清供》记载："采芙蓉花去心蒂，汤渝之，同豆腐煮，红白交错，恍如雪霁之霞，名'雪霁羹'，加胡椒、姜亦可也。"芙蓉与豆腐同煮（图2-7），一个绚烂清香，一个细腻洁白，红白相映，令人想到皑皑白雪映衬下的碧天彩霞，既饱口福又饱眼福。清代杨燮等人编的《锦城竹枝词》中有"北人馆异南人馆，黄酒坊殊老酒坊。仿绍不真真绍有，芙蓉豆腐是名汤。"的词句专门称赞这一美食。

（4）食用玉兰花

玉兰，古又称木兰、辛夷、望春花，花九瓣，色白微碧，香味似兰，故名。玉兰花在我国栽培的历史已长达2500年之久，最早的文献记载为屈原《离骚》中"朝搴阰之木兰兮，夕揽洲之宿莽。"随着后期诗词文体的兴盛，以及玉兰作为名贵园林树种的广泛应用，文学作品中关于玉兰的描写大量增加，其中尤以唐宋和明清为最。如初唐诗人王维《辛夷坞》："新诗已旧不堪闻，江南荒馆隔秋云。多情不改年年色，千古芳心持赠君。"而玉兰作为食用花卉是在明清时期，王象晋在其《二如亭群芳谱》中记载："花瓣择洗净，拖面，麻油煎食。"而清代慈禧太后喜欢吃油炸的玉兰片，常在春季清明前后玉兰花开时，让御膳房做了给她当消闲食品吃。

2.4 药食同源园艺植物及其食品的历史

2.4.1 药食同源园艺植物在我国的文化历史

我国传统的"药食同源"思想是一种养生思想的反映，包括中医学中的食养、食疗和药膳等内容。药食同源理论当前还没有共识，从字面理解，即是指食物与药物具有相同的起源，而目前占主导地位的观点是药物和食物没有显著的区别。某些药物本身就是食物，如薏苡仁、山楂、大枣等；而另一些食物却具有一定的治疗功能，如花椒、肉桂等。

药食同源理论正式提出是在20世纪20～30年代，而其内涵的形成是一个漫长的过程。上古时期，为了繁衍、生存，人类需要食物以维持身体正常需求。在寻找食物的过程中，人类逐渐分清了食物与药物的区别，将有治疗功能的物质均归于药物，而用于饱腹充饥、对人体有利的物质归纳为食物，因此便有了"药食同源"的说法。《淮南子·修务训》

中载："神农尝百草之滋味，水泉之甘苦，令民知所避就。"就是最好的证据。神农尝百草一日七十二毒，虽然有些夸张，但却形象地说明上古之人药食不分，当时药和食还没有明确的界限。

夏商周时期，我国劳动人民的生活水平处于非常低的层次，人们学会通过稻、菽、粟等作物来酿制酒浆，如后世《吕氏春秋》中就有"仪狄作酒"的记载。相传仪狄曾作酒献给夏禹品尝以健体。伊尹善调五味，他烹制的"紫苏鱼片"可能是我国最早运用中药紫苏来制作的药膳。长沙马王堆出土的医药书籍众多，相传成书均为战国以前，其中与"药食同源"理论相关的帛书有《却谷食气》《导引图》《养生方》《杂疗方》等。书中所载养生方法多数可"以食治之"，或"以食养"。不难看出，药食同源理论已初见端倪。《黄帝内经》是该时期最重要的医学著作，对后世医家有着不可替代的意义。其中载有"药以祛之，食以随之"，并强调"人以五谷为本"。

到了秦汉时期，战争连绵，对于"药食同源"的发展不利，但为其理论做了蓄势待发的准备，并提供了坚实的物质基础。晋唐时期，葛洪的《肘后备急方》虽没有明确提及药食同源理论，但却为这一理论深入人心做了铺垫。

唐宋时期，是我国封建社会的顶点，在经济、文化、外交、政治等方面均达到了巅峰，是我国历史上的全盛期。而到了宋朝，更是到了文化的盛世，特别是医药保健刊物更是如雨后春笋一般。唐早期苏敬等编撰的《新修本草》，陈藏器所著的《本草拾遗》，孙思邈的《千金要方》《千金翼方》都是重量级巨著。其中《千金要方》在食疗、食养、药膳等方面做出了巨大贡献。孙思邈度百岁乃去，正是他深入贯彻这些理论及其自身实践相结合的效果。宋徽宗下旨编写的《圣济总录》中记载285个食疗保健方，适用于29种病症，尤为突出的是在药膳的制作方法和类型方面有创新。不仅有饼、羹、粥，还有面、散、酒、汁、饮、煎等烹制方法的记载。

元朝时期，大量蒙医思想的进入加速了中医学的创新，同时药膳文化也在其中大放光彩，如元朝饮膳太医忽思慧所著《饮膳正要》，总结了古人保健养生的经验以及烹饪的技术，并根据元朝皇帝食疗的需求精心设计了"生地黄鸡""木瓜汤""良姜粥""山药面""五味子汤"等药膳方剂，可谓是药膳学的百科全书。

明朝时期，李时珍著的《本草纲目》可说是这个时期最为璀璨的明珠，包含诸多养生保健内容，以中医五行学说为核心，以"五味"发挥五行学说，被认为是集前朝养、疗本草之大成，是前人的药食同源理论和实践的总结，并在此基础上发展了自己独特的理论体系，有力地证实了中医药食同源理论。到了清朝，许多成熟的药膳方已经大量出现，人们可以灵活地配伍出经典的药膳方，且品种丰富剂型繁多。

我国作为四大文明古国之一，药食同源文化世代相传，但是如何合理、高效地利用和发挥这一理论，使之为更多的人群服务，是目前养生保健面临的机遇与挑战。选择药食同源的中药作为研究，既能保证安全又能确保具有一定的效果，通过借鉴食品产业的发展成果，结合中医药的特色和技术优势，尤其是同源中药提取物的应用，将会带来意想不到的社会和经济效益。

2.4.2 药食同源园艺植物食品的文化历史

2.4.2.1 药膳饮料

药膳饮料是在中医学理论指导下，结合现代营养学知识，以药物和食物原料经浸泡、压榨、煎煮、蒸馏等方法处理而制成的液体饮用食品，其中包括酒、饮、浆、乳、茶、汁、露等各种形式，如三蛇酒、金橘冰糖饮、鲜芹菜汁、减肥茶、银花露、垂盆草糖浆、王浆牛乳等。药膳汤饮是其中的一部分，是中医养生理论与烹调技术相结合的产物，具有吸收快、作用强的优点，同时又符合中医辨证施治、随症加减的原则。影响药膳汤饮品质的因素有药材采收期、煎煮器具、时间和火候等。唐代药王孙思邈的《千金翼方》中记载："凡药，皆须采之有时……若不依时采之，则与凡草不别，徒弃功用，终无益也。"可见药材的性状、有效成分的含量受采收时间的影响。明代李时珍指出："凡服汤药，虽品物专精，修治如法，而煎药者鲁莽造次，水火不良，火候失度，则药亦无功。"药膳茶也是相当常见的药食同源食品，上古《神农本草经》记载："神农尝百草，日遇七十二毒，得茶而解之。"并称"茶为饮有益思、少堕、轻身、明目"的功效。经研究查明，这里说的"茶"就是今日大众所饮的茶叶。到了明清时期，李时珍在《本草纲目》中对茶叶进行了系统性的总结，指出："茶苦而寒，阴中之阴，沉也，降也，最能降火。火为百病，火降则上清矣。然火有五，火有虚实。若少壮胃健之人，心肺脾胃之火多盛，故与茶相宜。温饮则火因寒气而下降，热饮则茶借火气而升散，又兼解酒食之毒，使人神思爽，不昏不睡，此茶之功也……"随着茶饮的功能已经远远大于茶叶所提供的保健范畴，人们更愿意用这种简单而又生活化的方式防病治病、强身健体、延年益寿。

2.4.2.2　药膳菜肴

药膳菜肴是选取具有补益作用的食物原料，或在一般食物原料中加入一定比例的药物，经烹调而成的具有色、香、味、形的菜肴，如黄芪炖甲鱼、红杞活鱼、虫草焖鸡块、玉竹猪心、荷叶包鸡、红烧牛尾等。我国古代医术上有"药食同源、食治同功"的说法，即烹饪与医药有着十分密切的关系。据《周礼·天官冢宰》记载，当时的宫廷里有四种医官："食医、疾医、疡医、兽医"。食医处于很显要的地位，其职务是"掌和王之六食、六饮、六膳、百馐、百酱、八珍之齐"，即为君王及王室调配膳食、掌管食谱。其中"齐"，今天作"剂"，指的是饮食品。可见在古代对食品的调配与药物的配方同等看待。《千金食治》中，对食疗及药膳的功用有精辟的论述。它首先认为，民以食为天，食物能治病也能致病。并从理论上说明了食物就是药物。连早在战国时代的名医扁鹊也说："君子有疾，期先命食以疗之，食疗不愈然后命药。"由此可见，药膳菜肴在我国流传已久，与我国的食品文化有着密不可分的关系。

2.4.2.3　其他药膳

随着药膳食品工业化、社会化的发展，中国药膳还有药膳饭点（如豆蔻馒头、茯苓包子等）、药膳罐头（如虫草鸭子、八宝粥等）、药膳糕点（如茯苓饼、枣泥桃酥等）、药膳糖果（如山楂软糖、薄荷糖等）、药膳蜜饯（如糖橘饼、蜜饯山楂等）和药膳精汁（如人参精、虫草鸡精等）等药膳形式。

这些不同形式的药膳具有不同的使用价值，同时也体现了我国药膳食品文化的悠久历史和不断创新发展的优良传统。通过研究继承古代传承下来的药膳古方，结合现代科学和人民的需求，不断改善创新，研制出适应当代消费者需求的药膳配方，既可丰富药膳的文化历史，也可加深人们和药膳食品的联系。因此，我们需要扩大研究范围，研制开发更多种类的药膳食品，改善已有药膳食品的品质和工艺，使之在国际上具有更优良的竞争力，将我国优质的文化传统发扬光大，这不仅是适应消费者的需求，更是适应时代发展的需求。如何将这些研究开展下去，如何创新品种，如何改善已有种类食品的品质和工艺，这些都是值得我们深入思考的地方。只有新一代的学者继承发扬前人的钻研精神，我们的药膳文化才能永久流传下去。

思考题

1.传统园艺植物食品分为哪几类？
2.园艺植物食品最早出现及其历史文献记载分别是哪些时期？

第**3**章
园艺植物的食用部分

园艺植物包括果树、蔬菜和观赏植物，其中水果和蔬菜是我们每天餐桌上必备的食品，对其原料特性及营养功能的研究已经较为深入。提起园艺植物，人们自然想到我们生活环境中美丽的、颜色鲜艳的花草，但如果把这些园艺植物作为一种食品，对大多数人来说还相对陌生。作为食材的园艺植物主要包括食用花卉、木本植物和药食同源植物，研究这些具有观赏价值的园艺植物，有利于拓展我们的食品资源，丰富我们的食物种类。人类栽培植物，起初是为了得到食物，后来才渐渐分化出适合人们观赏的品种，并大量使用于现代城市园林绿化之中。因此，可食用的园艺景观被视为返璞归真，同时当食用植物变成可以食用的"景观"，让城市环境富有美感和生态价值。本章将对园艺植物的花卉、叶片、根茎等不同食用部分进行系统介绍。

3.1 可食性花卉

我国将花卉作为食品已有上千年历史，早在先秦时期，人们就已食用花卉。我国最早的医学专著《神农本草经》中就有花卉"服之轻身耐老"的记载。现代研究发现，花卉含有多种生物活性物质，具有特殊保健功效。近年来，研究人员从鲜花中提取出多种香料、香精和色素，并将其广泛应用于食品加工过程中，开发出大量的花卉食品。随着人们对天然食物的热衷，花卉登上餐桌，并掀起了食用花卉的"浪潮"。花粉作为花卉植物体的精华，被称为"完全营养品"，花粉食品也正在日益兴旺。在美国、日本及欧洲，花卉食品越来越受欢迎，人们将花卉食品视为佳肴，把鲜花捣成汁液，混在各种菜肴或糕点中食用，同时花瓣也可用于制作沙拉和鲜汤。在我国，食用鲜花刚刚起步，虽还未成为人们生活中不可缺少的食品，但一些地区的特色食品加工已将鲜花作为食品原料，可提高食品的色、香、味，同时兼具保健功效。

3.1.1 食用花卉资源概述

我国幅员辽阔，地跨寒、温、热三带，为植物的生长创造了多样的生态条件，花卉资源十分丰富，现有花卉上千种。其中包括：一些名贵花卉，如茶花、扶桑等；一些传统花卉，如牡丹、月季、玫瑰等；还有一些普通花卉，如牵牛花、一品红等。在众多的花卉中，有相当一部分可以食用。有些花卉含有保健成分，如菊花、梅花、百合等；有些花卉可用于提取香精和香料，如月季、玫瑰、玉兰等；有些花卉可用于提取天然色素，如牵牛花、鸡冠花、虞美人、紫苏等。

目前，我国自然界中可食用花卉虽然达百种以上，但已经食用的仅有荷花、黄花、菊花、桂花、芍药、玉兰、牡丹、玫瑰、夜来香等，不足总量的1/10，大量的花卉资源还有待开发。

下面简单介绍几种常见可食用鲜花的原料特性。

3.1.2 常见的食用花卉

3.1.2.1 菊花

菊花属菊科、菊属，多年生宿根草本植物。我国自古以来就有"食菊"的传统，《神农本草经》中记载："菊花，久服利血气，轻身耐老延年。"我国南方许多地方的特色美食均以菊花为原料，如广州的腊肉菊花饼、杭州的菊花咕咾肉等。近年来，食用菊花的保健作用受到广大消费者的重视。

（1）形态特征

菊花为多年生草本植物，高60～150cm。菊花的茎有地下茎和地上茎之分，地上茎半木质化。菊花的茎直立、粗壮、多分枝，幼茎嫩绿色，长成植株后木质化呈灰褐色。茎上有节，节生叶或分枝，茎端在秋季开花，冬季花凋谢后，茎上端枯死。地下茎横向分布，春季萌生不定芽。菊花主茎一般可存活3～4年。菊花的叶是单叶互生，每节一片。一般叶色为浓绿色，呈卵圆或长圆状披针形，叶长3.5～15.0cm，边缘呈锯齿状，背生白色绒毛，有强烈气味。

菊花的花并不是一朵花，而是由许多小花组成的一个头状花序。许多花沿不分枝的花轴生长，而花轴短缩成托盘状，使许多小花密集着生在花托上，形成一个如球似盘的花序。花序下面连着花梗，外围是由绿色苞片组成的总苞。花序上的小花数目很多，相嵌排列。小花有两种形状：在花序中间的小花，花冠呈筒形，称为"筒状花"；在花序边缘的小花，花冠呈舌状，称"舌状花"。筒状花为两性花，舌状花为雌花。筒状花着生在花序中央，花冠合成筒状，中心部位有一雌蕊，围着花柱有5枚雄蕊着生在花冠内。舌状花着生在花序边缘，由筒状花的花冠延伸而成舌状，花内雄性器官退化，仅有一雌蕊隐于花内，多为不孕性，不能结种子，只能通过人工授粉进行培育。

菊花的颜色主要有：黄色、白色、紫色、红色、粉色、绿色和复色（有两种以上的颜色），有些菊花呈中间色，如紫红、雪青、橙、棕、褐色等。菊花是世界上花色最为复杂的花卉之一，可谓万紫千红、婀娜多姿。

菊花的适应性强，对气候和土壤条件要求不严，在微酸和微碱性土壤都能生长。温度在10℃以上隐芽可以萌发，20～25℃的温度最适宜生长。菊花耐干旱、怕积水，喜疏松、肥沃、含腐殖质多的沙质土壤，喜凉爽的气候以及充足的阳光。菊花是短日照植物，在春夏长日照的季节里，只能进行营养生长。立秋以后，随着天气的转凉、日照时间的缩短，开始花芽分化、孕育花蕾，开出艳丽的花朵（图3-1）。

（2）食用特性

菊花的可食用部分为菊科植物的头状花序。可食用菊花品种主要有：产于河南的怀菊花、产于安徽的滁菊花和亳菊花、产于浙江的杭菊花、产于四川的川菊花等。秋季花开时采收，烘干或蒸、晒干用，亦可用鲜品。菊花含胆碱、水苏碱、密蒙花

图3-1 菊花的形态特征

苷、木樨草素-7-葡萄糖苷、大波斯菊苷、刺槐素-7-葡萄糖苷、布枯叶素-7-葡萄糖苷以及花色素；花和茎含挥发油，油中主要含有菊花酮、龙脑、龙脑乙酸酯等。菊花中还含有较多的钙、镁、磷、硫、钾，以及人体必需的7种微量元素，即铜、铁、锌、钴、锰、锶、硒。其中，怀菊和亳菊的铁含量高，滁菊的硒含量很高。

菊花具有散风清热、平肝明目的功效，对风热感冒、目赤肿痛、头痛眩晕、眼目昏花等有一定的疗效；具有一定的抑菌作用，尤其对乙型链球菌、金黄色葡萄球菌、副伤寒杆菌、痢疾杆菌、大肠杆菌、伤寒杆菌、绿脓杆菌及人型结核菌等病菌有抑制作用；具有保护心血管的功能，能扩张冠状动脉、增加血流量、增强毛细血管抵抗力；同时菊苷有降压的功效，对冠心病、高血压等心脑血管疾病具有一定的防治功效。

（3）在食品加工中的应用

① 菊花类饮料　取菊花的浸提液，加入其他果蔬的浸提液，可制成不同风味的功能饮料。如在菊花中加入枸杞可制成菊花枸杞复合饮料，其口感酸甜适中，有枸杞和菊花的香味，稳定性好，同时具有保护视力的保健功效。

② 菊花酒　利用现代分离技术提取菊花的有效成分，溶于啤酒中，使其具有菊花的营养和保健功能，同时也具有菊花的特殊香味。在米酒酿造中加入菊花，该产品口味清凉甜美，具有养肝、明目、健脑、延缓衰老等功效。

③ 菊花茶　鲜菊花经过蒸、晒或人工烘干，加入开水冲泡，即为传统的菊花茶。将干菊花与其他花卉一同冲泡，可以增加菊花茶的品种与功效，比如菊花槐花茶，具有清热、散风、降血压等功效。将干菊花与其他茶叶一同冲泡，如菊花和龙井，简称为"龙菊"，既可以保留原有茶叶的香味，同时还可以让菊花的清香融入其中。

④ 菊花保健品　菊花挥发油具有一定清热、解压、抗炎及抗癌作用。通过蒸馏法、溶剂提取法、吸收法、压榨法将菊花中的挥发油提取出来，可制成保健品，或添加到其他食品中，均可起到一定的保健作用。菊花黄酮类物质具有抗氧化性，可起到延缓衰老的作用，可以采用大孔吸附树脂法提取菊花黄酮类物质，进一步制成颗粒剂、胶囊剂和片剂保健品。

⑤ 菊花食品

a.菊花粥：将菊花与粳米一同煮制，具有清心、悦目、去燥的功效，在此基础上还可添加其他功效原料，如山药、牛蒡等。

b.菊花糕：在米浆里添加菊花，蒸制成糕，如用绿豆粉与菊花制糕，具有清凉去火的食疗效果。

c.菊花菜肴：菊花在菜肴中的应用非常广泛，热炒、冷盘、火锅、沙拉、汤等均可。如菊花与猪肉、牛肉一同炒制而成的菊花肉片，与鱼肉一同煮制的菊花鲈鱼羹，清心爽口，补而不腻，荤中有素，可用于头晕目眩的治疗；再如菊花甘草汤，可起到疏风清热、泻火解毒、活血止痛等功效。

d.菊花休闲食品：如菊花冰淇淋、菊花酸奶、菊花奶茶、菊花曲奇饼干、菊花奶酪、菊花蜜饯等，在原有工艺的基础上加入菊花粉或菊花浸提液等制作而成，让原有食品的口味更加清新，营养更加丰富。

e.菊花点心：菊花面包、菊花馒头、菊花麻花、菊花包子等。制作方法有两种：一是将菊花与面粉、鸡蛋、白糖等和成面团，再通过炸、蒸等方式烹饪；二是加入菊花粉或浸提液等制作而成。

3.1.2.2　桂花

桂花是对中国木犀属众多树木的习称，代表物种木犀，系木犀科常绿灌木，其园艺品种繁多，最具代表性的有金桂、银桂、丹桂、月桂等。《本草纲目》记载：桂花，味甘、辛，性温，能暖胃、益胃、驱寒。也有研究报道称桂花具有疏肝理气、祛痰止咳和顺肺开胃的功效。食用桂花早在春秋时代就已经开始了，当时人们就会用桂花来酿酒，味美可口，很受欢迎。进入明代，人们又懂得用桂花来窨制花茶，香气扑鼻。到了现代，人们则将桂花用盐渍、糖渍后制作糕点、糖果和蜜饯。如用桂花做的桂花元宵、桂花芋艿、桂花藕粉、桂花发糕等，都芬芳可口，是餐桌上的佳肴。

（1）形态特征

桂花是常绿乔木或灌木，高3～5m，最高可达18m。树皮灰褐色。小枝黄褐色，无毛。叶片革质，椭圆形、长椭圆形或椭圆状披针形，先端渐尖，基部渐狭呈楔形或宽楔形，全缘或通常上半部具细锯齿，叶柄无毛。

图3-2　桂花的形态特征

花序簇生于叶腋，近于帚状，每腋内有花多朵（图3-2）。果歪斜，椭圆形，长1～1.5cm，呈紫黑色。花期在9～10月上旬，果期在翌年3月。

桂花适应于亚热带气候地区，性喜温暖，湿润。种植地区平均气温14～28℃，能耐最低气温-13℃，最适宜生长气温是15～28℃。湿度对桂花生长发育极为重要，要求年平均湿度75%～85%，年降水量1000mm左右，特别是幼龄期和成年树开花时需要水分较多，若遇到干旱会影响开花，强日照和荫蔽对其生长都不利，一般要求每天6～8h光照。

（2）食用特性

桂花气味芳香，可制糕点、糖果、饮料，并可酿酒。桂花的挥发性成分主要包括十六碳酸、二十碳三烯酸甲酯、γ-癸酸内酯、α-紫罗兰酮、β-紫罗兰酮、芳樟醇、牻牛儿醇、橙花醇、月桂酸、棕榈酸、硬脂酸、辛酸乙酯、十氢萘、对羟基苯乙醇、黄樟油素、异薄荷酮、榄香树脂等。非挥发性成分主要有烟酰胺、D-阿洛醇、5-羟甲基-2-呋喃甲醛、乙酰氧基齐墩果酸、7-羟基香豆素、咖啡酸甲酯、齐墩果酸、对羟基桂皮酸、丁香脂素、3,4-二羟基苯乙酮、对羟基苯乙酸乙酯、咖啡酸、贝母兰宁、对羟基苯乙酸、对羟基苯乙酮、对羟基苯乙酸甲酯等。

桂花具有广泛的药理学作用，其中在抗氧化、降血糖方面效果显著。桂花中的黄酮成分有很强的抑菌活性，其抑菌作用高于苯甲酸钠，对大肠杆菌、金黄色葡萄球菌等效果尤为显著。从桂花叶中提取的挥发油成分，对金黄色葡萄球菌有较好的抑制作用，同时具有一定的抗肿瘤作用。

3.1.2.3　玫瑰

（1）形态特征

玫瑰原产中国，栽培历史悠久。植物分类学属于蔷薇科蔷薇属，直立灌木。茎丛生，有茎刺。叶柄和叶轴有绒毛，疏生小茎刺和刺毛；花冠鲜艳，紫红色，芳香；花梗有绒毛和腺体（图3-3）。玫瑰果呈扁球形，熟时红色，内有多数小瘦果，萼片宿存。玫瑰因枝干多刺，故有"刺玫花"之称。

玫瑰为浅根性植物，喜阳光、耐寒、耐旱，适应性较强，但在遮阳和通风不良的地方生长欠佳。

图3-3　玫瑰花的形态特征

玫瑰对土壤要求不严格，在深厚肥沃且排水良好的中性或微酸性轻壤土中生长最好，微碱性土壤也能生长。玫瑰怕涝，积水时间稍长，枝干下部的叶片即易黄落，严重水涝会使整个植株死亡，玫瑰栽植不宜靠墙太近，以免日光反射引起日灼。玫瑰的采收时间不同，产量与质量有较大差异。通常玫瑰花蕾应在未开放前采收，即花蕾纵径是花萼3倍时采收最好，过早产量降低，过晚花已开放影响质量。花期集中期选择健壮饱满的花蕾采摘，其他细弱花蕾待完全开放后采摘花瓣，其他时间零星开放的花也待完全开放后采摘花瓣。

（2）食用特性

玫瑰鲜花可以蒸制玫瑰精油，精油的主要成分为香茅醇、牻牛儿醇、橙花醇、丁香油酚、苯乙醇、槲皮苷、鞣质、脂肪油、有机酸等。玫瑰精油可促进胆汁的分泌，同时对心肌缺血有一定的保护作用。花瓣可以制饼馅、玫瑰酒、玫瑰糖浆，干制后可泡茶，花蕾入药治胃痛、胸腹胀满和月经不调。果实含丰富的维生素C、葡萄糖、果糖、蔗糖、枸橼酸、苹果酸及胡萝卜素等。

玫瑰花茶可缓和情绪、平衡内分泌、补血气、美颜护肤，对肝及胃有调理的作用，并可消除疲劳与改善体质。玫瑰搭配花草茶还有助消化、分解脂肪之功效，适合因内分泌紊乱而肥胖的人群；具有美容养颜功效，常饮可去除皮肤上的黑斑，令皮肤嫩白自然，预防皱纹的产生；调节气血平衡，可以治疗女性月经不调；还可以丰胸，并能润肠通便，是美容养颜瘦身的佳品。

（3）在食品加工中的应用

① 玫瑰花油　玫瑰花在食品上主要用于提炼玫瑰花油，约2500朵的玫瑰花可提取出1mL玫瑰花油，因此，玫瑰花油价格昂贵。玫瑰花油的主要提取方法是水蒸气蒸馏法，即玫瑰花浸泡在水中蒸馏，但是采用这种方法加工得到的玫瑰花油质量较差，花香不够纯正。玫瑰花油的另一种制备方法为浸提法，即将玫瑰花浸泡于有机溶剂中加温浸提，然后回收有机溶剂可得到玫瑰浸膏，玫瑰浸膏用其他有机溶剂萃取可进一步制得玫瑰精油。

② 玫瑰花蕾食品　当玫瑰花即将开放时，分批摘取它的鲜嫩花蕾，再经严格的消毒、灭菌、风干，几乎完全保留了玫瑰花的色、香、味。制成的玫瑰花蕾在食品工业中有广泛的应用，可制成玫瑰花粥、玫瑰花茶、玫瑰肉、玫瑰豆腐等。

③ 玫瑰花瓣饮料　玫瑰花瓣通过浸提、粗滤、超滤、配料、装罐、充氮、密封、灭菌、冷却等步骤，最终包装为成品。

3.1.2.4　槐花

槐花为豆科植物槐的干燥花及花蕾，前者习称为槐花，后者习称为槐米。槐花原产于我国北部、华南及西南地区，河北省产量较丰富，江苏省主产于镇江、苏州、南京、徐州等地。

（1）形态特征

槐树为落叶乔木，高8～20m，树皮灰棕色具有不规则纵裂，内皮鲜黄色；嫩枝暗绿褐色，表面光滑且皮孔明显。叶的形态为奇数羽状复叶互生，长15～25cm，叶轴有毛且基部膨大。槐花为多生花，总状花序，蝶形花冠，盛开时成簇状，重叠悬垂（图3-4）。槐花皱缩而卷曲，花瓣大多数散落，一般在每年4～5月开花，花期为10～15天。

槐树耐寒抗旱性强，喜阳光，对土壤要求不严格，在轻度盐碱地（含盐量0.15%左右）上也能正

图3-4　槐花的形态特征

常生长，但在湿润、肥沃、深厚、排水良好的沙质土壤上生长最佳。槐树在我国各地普遍栽培，槐花开花既有南北差异，又有垂直地势的区别。始花期在长江流域为4月下旬，黄河流域为5月上旬，西北地区约为5月中旬，始花期由南向北推迟。刺槐的始花期还有从内陆向海滨延迟的规律，如辽东半岛的大连市金州区，与北京几乎处于同一纬度，但比北京的始花期晚半个多月。槐花泌蜜的适宜气温为22℃以上。

（2）食用特性

槐花的可食用部分为干燥花及花蕾。一般槐花以色黄白、整齐、无枝梗杂质者为佳。槐米为干燥的花蕾，呈卵形或长满圆形，长2～6mm；花萼与花冠的外面均稀疏生有白色短柔毛；以花蕾充实，花蕾色浓而厚，无枝梗杂质者为佳。

槐花和槐米所含化学成分基本相同。其主要成分为芦丁，含量以花蕾中最高（约23.5%），开花时的花朵中含量较低（约4.3%）。除芦丁外，还含有其他多种化学成分：三萜皂苷类，包括赤豆皂苷Ⅰ、Ⅱ、Ⅴ，大豆皂苷Ⅰ、Ⅲ，槐花皂苷Ⅰ、Ⅱ、Ⅲ；黄酮类，包括槲皮素、异鼠李素、异鼠李素-3-芸香糖苷、山奈酚-3-芸香糖苷；还含有白桦脂醇、槐花二醇、槐花米甲素、槐花米乙素、槐花米丙素。槐花油中含月桂酸、十二碳烯酸、肉豆蔻酸、十四碳烯酸、十四碳二烯酸、棕榈酸、十六碳烯酸、硬脂酸、亚油酸、十八碳三烯酸、花生酸等脂肪酸；另外，含鞣质、染料木素、山奈酚、槐属苷、蜡、绿色素、黄色素、叶绿素、树脂、色素等。

槐花具有清热、凉血、止血、降压的功效，对吐血、尿血、痔疮出血、风热目赤、高血压病、高脂血症、颈淋巴结核、血管硬化、大便带血、糖尿病、视网膜炎、银屑病等有显著疗效。槐花能增强毛细血管的弹性，减少血管通透性，可使脆性血管恢复弹性，从而可以降血脂和防止血管硬化。

3.1.2.5　丁香花

丁香花是指木犀科丁香属植物的花卉。丁香属植物资源十分丰富，全世界约有40种，分布于欧洲和亚洲，我国有27种，自东北至西南各省均有分布。

（1）形态特征

丁香属植物为落叶灌木或小乔木，因花筒细长如钉且香，故名"丁香花"。丁香花植株高2～8m，小枝近圆柱形或带四棱形，具皮孔。叶对生，单叶，具叶柄。花两性，聚伞花序排列成圆锥花序，顶生或侧生，与叶同时抽生或叶后抽生，花色为紫色、淡紫色或蓝紫色，也有白色、紫红色及蓝紫色，以白色和紫色居多；花萼小，钟状，具4齿或为不规则齿裂，宿存；花冠漏斗状、高脚碟状或近幅状，裂片4枚，开展或近直立，花蕾呈镊合状排列（图3-5）。

丁香属植物喜光、温暖、湿润及阳光充足。稍耐阴，阴处或半阴处生长衰弱，开花稀少，具有一定耐寒性和较强的耐旱力。对土壤的要求不严，耐瘠薄，喜肥沃、排水良好的土壤，忌在低洼地种植，积水会引起病害，直至全株死亡。

（2）食用特性

丁香鲜花中醇类、醛类、萜类化合物较多，是主要的芳香成分。从丁香花提取的化合物中，苷类、酚类、萜类、杂环类的营养保健价值较高，河南小叶丁香、洋丁香、关东丁香、紫丁香所含此类物质

图3-5　丁香花的形态特征

较多，更适合食用。

丁香花中提取的芳香物质可以制成食用香精用于食品加工；芳樟醇可用作水果类食品的香料；丁香酚作为健胃剂，可缓解腹部气胀，增强消化能力，所以进行肉制品烹饪时可加入丁香花的干品或鲜品。研究表明，4-乙烯基愈创木酚和4-乙基愈创木酚是白酒、啤酒（特别是小麦啤酒）、葡萄酒、酱油等产品的重要呈香物质。丁香花中的苯甲酸、丁香酚还可用作食品防腐剂，抑制微生物生长繁殖，防止食品腐败变质。

3.1.3 花卉食品的开发

3.1.3.1 花的储存方法

鲜花含水量大都在90%以上，不易直接保存，常用的储存方法有干制和腌渍。

（1）干制

鲜花的干制方法有自然干燥和人工干燥两种。前者是将鲜花采摘后置于通风干燥处阴干，后者是将鲜花直接烘干或者蒸汽热烫后烘干。自然干燥不会破坏鲜花中各种酶的活性，在保存过程中，各种酶与底物作用使花香更加浓郁和谐，但该方法不利于大批量生产。采用人工干燥法不受自然条件限制，产品颜色鲜艳，不经热烫在60℃以下干燥效果较好。

（2）腌渍

腌渍方法分糖渍和盐渍。将采摘的鲜花和糖（盐）分层（一层花一层糖或盐）放入容器中腌渍，利用高浓度的糖或盐保存。采用腌渍法保存的鲜花在加工方面受到一定限制。

3.1.3.2 花的有效成分提取

从花中可以提取香精油、浸膏、天然色素等，常用的提取方法如下。

（1）水蒸气蒸馏法

将鲜花直接用水或水蒸气蒸馏，得到鲜花精油。这种方法得到的只有挥发油，其他成分没有提取出来，而且有些不稳定的香气成分易遭破坏。

（2）溶剂萃取法

常用溶剂有乙醇、丙酮及二氯乙烯等，用符合萃取要求的溶剂对花卉进行浸提，然后将浸提液澄清过滤，常压回收有机溶剂制成浓缩浸提液，再经减压浓缩脱溶剂，制成油树脂产品，油树脂可经乳化后制成香精或用于食品制造。

（3）CO_2超临界萃取法

利用CO_2在超临界状态具有显著溶解能力和较强自扩散能力的特点，对花进行萃取，然后在常压下将CO_2从萃取液中分离除去，这种方法萃取香气成分损失少。

（4）水溶液萃取法

用热水对花卉萃取，萃取液经过滤等处理直接用于饮料制造或水溶色素的制取。

3.1.3.3 花卉食品的加工

（1）花酒

制作花酒的常用生产方法为浸泡法。工艺流程为：干花→食用白酒浸泡→过滤→调配（加糖、酸等）→包装→成品。

（2）花露饮料

花露饮料主要含花挥发油，不加糖和酸。工艺流程为：水→过滤→活性炭吸附除臭→干花蒸馏→调配→无菌纯净水或蒸馏水→罐装→花露饮料。

（3）花汁饮料

花汁饮料分纯花汁饮料和混合花汁饮料。纯花汁饮料的生产工艺：干花→浸提取汁→醇沉去沉淀→调配（加糖、酸等）→罐装→杀菌→冷却→纯花汁饮料。混合花汁饮料是花汁与各种水果汁或茶汁、其他花卉的浸提液混合调配制成的饮料。

（4）花茶

花茶是用干花与干果、干中药材等混合制成的茶品（图3-6）。

（5）固体饮料

常见固体饮料有菊花晶，其加工工艺为：花→乙醇溶液浸提→过滤→浓缩→混合（加白糖粉、柠檬酸等）→造粒→干燥→包装→固体饮料。

图3-6 花茶

3.1.3.4 花卉食品的前景及展望

花卉可以加工成饮料、食用油、香料、鲜花食品添加剂等，广泛应用于食品加工过程中。鲜花花色美丽，令人赏心悦目，花香气清新味浓，沁人心脾，既能兴奋中枢神经，又能促人冷静，兼有提神和镇静双向调节功能。鲜花作为大自然之精华，万卉之精英，其美食妙用将风靡国内外，此新兴产业的效益与日俱增。一些地方已推出花卉餐馆，主营各种鲜花食品。可见，未来的花卉市场将向多渠道、多途径的综合利用方向发展。随着现代食品科学技术的发展，鲜花的食用价值和保健价值将会得到更广泛、更深入的利用。花卉在给人们带来美感的同时，其营养保健作用也将极大地改善人们的健康。

3.2 可食性叶片

园艺植物叶片过去一直不被人们所重视，总是任其自生自灭。实际上，有些园艺植物叶片既含有丰富的营养成分，又富含对人体代谢起调节作用的活性物质，是值得开发的食品资源。

3.2.1 可食性叶片的营养特点

园艺植物叶片中含有丰富的蛋白质，即植物叶蛋白，属功能性蛋白质。可将其分为两类：一类为固态蛋白，存在于经粉碎、压榨后分离出的绿色沉淀物中，主要包括不溶性的叶绿体与线粒体构造蛋白、核蛋白和细胞壁蛋白，这类蛋白一般难溶于水。另一类蛋白为可溶性蛋白，存在于经离心分离出的上清液中，包括细胞质蛋白和线粒体蛋白的可溶性部分，以及叶绿体的基质蛋白，这些可溶性蛋白质的凝聚物就是叶蛋白。在叶蛋白生产过程中，经粉碎、压榨过滤后，固态蛋白随同残渣被分离出去，其余的可溶性蛋白质分散在上清液中。对上清液施行加温，使可溶性蛋白质由溶解状态变为凝集状态，其主要由细胞质蛋白与叶绿体基质蛋白组成。叶蛋白的氨基酸种类齐全且组成比较平衡，含有赖氨酸、苯丙氨酸、缬氨酸、异亮氨酸等氨基酸，特别是赖氨酸含量较高，这对以谷物类为主食的我国居民尤为重要。除蛋白质外，叶片中还含有碳水化合物、矿物质、不饱和脂肪酸及各种维生素。

园艺植物叶片是一种具有潜能的功能性食品基料，应用现代食品加工的高新技术，将叶片加工成具有良好加工性能、贮藏性能、适口性和食用安全性的微粉体，可以保持叶片中所含对人体生理机能有益的必需成分和生理成分。叶类食品基料是由叶的细胞体组织和生理活性成分、活性酶体系等组分经干燥而成的粉体，在与其他食品的原料、辅料、添加剂等配制后，开发系列性的叶片类食品，以满足不同消费群体的需求。采用现代分离技术，如分子蒸馏法、有机溶剂萃取法、超临界流体萃取法等，可将叶片中的某些生理活性成分提取出来，并经提纯获得高浓度的提取物，然后进一步加工成液、粉、片、浆、膏、丸、结晶、胶丸等剂型的保健品或食品添加剂，如银杏叶黄酮苷、银杏萜内酯、桑叶哌啶生物碱、茶多酚等。食用全叶则以叶的天然态组分消化吸收，各种活性成分具有相互促进的功效，使其潜在的营养因子和功能因子得以充分发挥。

3.2.2　常见可食性叶片

3.2.2.1　香椿叶

香椿又名大红椿树、椿天等，原产于我国，分布于长江南北的广泛地区。香椿树体高大，除枝叶嫩芽（即香椿芽）供食用外，也是园林绿化的优选树种。我国人民食用香椿久已成习，香椿汉代就遍布大江南北。香椿芽（图3-7）营养丰富，并具有食疗作用，主治外感风寒、风湿痹痛、胃痛、痢疾等。

（1）形态特征

图3-7　香椿芽的形态特征

香椿是多年生的落叶乔木，树皮粗糙，深褐色，片状脱落。叶具长柄，偶数羽状复叶，长30～50cm；小叶对生或互生，纸质，卵状披针形或卵状长椭圆形，长9～15cm，宽2.5～4.0cm，先端尾尖，基部一侧圆形，另一侧楔形，不对称，边全缘或有疏离的小锯齿，两面均无毛，无斑点，背面常呈粉绿色，侧脉每边18～24条，平展，与中脉几成直角开出，背面略突起；小叶柄长5～10mm。

圆锥花序与叶等长或更长，被稀疏的锈色短柔毛，有时几乎无毛，小聚伞花序生于短的小枝上，多花。

香椿芽在合适的温度条件下（白天18～24℃、晚上12～14℃）生长快，呈紫红色，香味浓。温室加盖草苫后40～50天，当香椿芽长到15～20cm，而且着色良好时开始采收。第一茬香椿芽要摘取丛生在芽薹上的顶芽，采摘时要稍留芽薹而把顶芽采下，让留下的芽薹基部继续分生叶片。采收宜在早晚进行。温室里香椿芽每隔7～10天可采收1次，共采收4～5次，每次采芽后要追肥浇水。

（2）食用特性

香椿芽含有丰富的蛋白质、脂肪、粗纤维、钙、磷、铁、胡萝卜素及维生素B、维生素C等成分。据测定，在每100g香椿芽中含有蛋白质9.8g，在蔬菜中较高；含有钙143mg，在蔬菜中名列前茅；含有维生素C为115mg，接近于辣椒，约为白菜的2.5倍、菠菜的3倍、芹菜的20倍。

香椿中有多种活性成分。其中黄酮化合物含量较高，它们具有多种生物活性，如消炎、抗菌、抗氧化、抗过敏、抗病毒、调节血脂等。经对香椿中黄酮进行初步分离，发现香椿嫩叶中总黄酮的含量约为3.4%。香椿叶中还含有萜类化合物，具有抗菌、消炎、调节血糖、抗肿瘤等功效。香椿叶中所含黄烷醇衍生物及小分子聚合物，从结构上均属多酚类化合物，是天然的抗氧化剂。另外，香椿叶中还含有蒽醌、皂苷、生物碱、挥发油等活性成分。

香椿的食用方法很多，炒、拌、蒸、炝都可以。典型的菜肴，如东北地区的香椿拌豆腐、湖南的凉拌香椿、四川的香椿炒肉丝、陕西的炸香椿鱼、胶东的香椿酱油拌面、华北地区的香椿辣椒、皖北的椿芽辣子汤等。食用时，最好选择枝叶呈红色、短壮肥嫩、香味浓厚、无老枝叶、长度在10cm以内的香椿芽，这样的香椿味道清香；已经变得有点绿的香椿，就没什么香味了；另外也可以闻一下香椿根部，有明显香椿特殊香味的最好。研究发现，香椿中含有的硝酸盐和亚硝酸盐含量远高于一般蔬菜，所以，在选购香椿的时候要选择较嫩的香椿芽，香椿芽越嫩，其中硝酸盐含量越少，储藏过程中产生的亚硝酸盐也就越少。

3.2.2.2 桑叶

桑叶是桑科植物桑的干燥叶，是蚕的日常食物。我国南北各地广泛种植桑树，桑叶产量较大。桑叶有着极高的营养价值和药用价值，成为食品界和医药界关注的热点，日本已有部分桑叶保健品面市，并深受消费者的喜爱。

（1）形态特征

桑树为落叶灌木或小乔木，高3～15m。树皮灰黄色或黄褐色，浅纵裂，幼枝有毛。叶互生，卵形至阔卵形，长6～15cm，宽4～12cm。先端尖或钝，基部圆形或近心形，边缘有粗齿；叶片上面呈黄绿色或浅黄棕色，有的有小疣状突起；下表面色较浅，叶脉突起，小脉网状，脉上被疏毛，脉基具簇毛；完整者有叶柄，长1.0～2.5cm（图3-8）。雌雄异株，骨朵花序腋生。桑葚成熟时为紫黑色、红色或乳白色。花期处于4～5月份，果期在6～7月份。

图3-8　桑叶的形态特征

（2）食用特性

桑叶初霜后采收，除去杂质，晒干而得，其性寒，味甘、苦，有疏散风热、清肺润燥、清肝明目的功效，是一种发散风热药，既可内服，也可外敷。现代中、西医把桑叶和桑叶生物制剂作为改善糖尿病及其他各种疑难杂症的药物而使用，认为其药效广泛：清肺润燥、止咳、化痰、治盗汗；清肝明目、治疗头晕眼花、消除眼部疲劳；消肿、清血、治疗痢疾、除脚气；抗应激、凉血、降血压、降血脂、预防心肌梗死和脑出血、祛头痛；降血糖、抗糖尿病等。

桑叶含有丰富的碳水化合物、蛋白质、脂肪酸、纤维素、维生素和矿物质。每100g干桑叶中含有可溶性碳水化合物25g、蛋白质15～34g、纤维素14.4g、果胶12g、有机酸3.5g、阿拉伯聚糖7.4g、戊聚糖3.8g、粗脂肪6.2～9.8g、钙699mg、钾101mg、镁362mg、维生素C 3.2mg。桑叶中的生物活性物质包括：谷甾醇、胡萝卜素、叶绿素、异槲皮苷、黄体色素和叶黄素等色素，以及芳香芸、槲皮素、紫云英素、γ-氨基丁酸和脱氧野尻霉素等。

桑叶提取液能够明显降低血糖水平。研究发现，桑叶中1-脱氧野尻霉素（DNJ）对降低血糖效果明显，在每千克桑叶中含量为100～200mg。桑叶是迄今为止发现的唯一含有该物质的植物叶子。另外，从桑叶中提取的桑叶多糖具有很好的降血糖作用。桑叶中的超氧化物歧化酶、黄酮类化合物和多酚类化合物都有清除自由基和抗衰老的作用。桑叶中的黄酮类化合物与桑叶具有祛风清热、凉血明目、利尿等作用有直接的关系。分析桑叶黄酮类化合物发现，每克桑叶中芦丁的含量为3.5mg、槲皮素的含量为0.1mg。桑叶烘干后，黄酮类化合物的含量损失较大，而风干后损失较少，因此新鲜桑叶最好采用风干的方式。

（3）在食品加工中的应用

国家卫生部已将桑叶列为功能性食品，桑叶可以作为功能性食品的主要原料进行系列产品开发。利用桑叶开发食品的研究很多，包括普通食品、保健食品、饮料、调味料等。

① 桑叶营养粉 选取鲜嫩、无病虫害的桑叶，洗净沥干后切碎用高压蒸汽杀菌后，匀浆后放入温水中浸提，过滤，在滤液中加入鲜牛奶、豆浆、蔗糖、柠檬酸锌等配料，经搅拌、匀质、真空浓缩后，采用离心式低温喷雾干燥，即制成桑叶营养粉。

② 桑叶面条 将桑叶洗净粉碎后，用0.2%的碳酸氢钠和草酸锌混合液预煮，冷却，在和面机中放入称量好的面粉，加入食盐、食碱以及预煮好的桑叶，开机和面，然后经熟化、辊压、切条、干燥，即可制成浅绿色的桑叶面条。

③ 桑叶袋泡茶 将嫩桑叶洗净、沥干后，放入铁锅中杀青灭酶，迅速下锅，热揉至适度，放入铁锅中或干燥箱中进行初干，待初干至含水量约20%时，再经低温干燥，含水量降至10%以下时，停止干燥，经粉碎、筛分、添加配料、自动袋泡型包装，即可制成桑叶袋泡茶。

此外，桑叶还可加工制成糖尿病食疗粉、桑叶方便面、桑叶挂面、桑叶糕点、桑叶膨化小食品、桑叶速溶茶、桑叶八宝茶、桑叶晶、桑叶口服液、桑叶可乐、桑叶汽水、桑叶冰激凌等系列功能性食品。

3.2.2.3 银杏叶

银杏树为银杏科、银杏属落叶乔木。银杏树的果实俗称白果，具有观赏和食用价值。研究发现，银杏叶含有大量的生物活性物质，具有多种营养保健作用，在食品添加剂和功能食品加工领域具有广泛的应用前景。

图3-9 银杏叶的形态特征

（1）形态特征

银杏为落叶大乔木，胸径可达4m，幼树树皮近于平滑，为浅灰色，大树之皮为灰褐色，有不规则纵裂，粗糙；有长枝与生长缓慢的短枝（图3-9）。叶互生，在长枝上辐射状散生，在短枝上3～5枚成簇生状，有细长的叶柄，扇形，两面淡绿色，宽5～8cm。雌雄异株，球花单生于短枝的叶腋；雄球花呈荑荑花序状，雄蕊多数，各有2花药；雌球花有长梗，梗端常分两叉。

（2）食用特性

银杏叶中的生物活性物质主要包括黄酮类化合物、萜类化合物、银杏甲素、银杏乙素、银杏多糖、银杏内酯。黄酮类化合物和萜类化合物是银杏叶中两类最重要的功能因子，具有防治心脑血管疾病、阿尔茨海默病以及激活血小板活化因子的作用。银杏甲素、银杏乙素具有增强机体免疫能力以及消炎作用。

银杏叶中黄酮类化合物和萜类化合物的含量随季节而变化，以秋季叶子含量较高，特别是近于脱落而发黄的叶子含量最高，比春季叶子高出3倍以上。因此，应在秋季采收银杏叶，这样不仅能获得高质量的银杏叶，而且不影响白果的产量和品质。采收后及时通风干燥或烘干至含水量低于10%，放阴凉干燥环境中保存，保存时应注意防霉、防虫，以减少其生物活性物质的损失。

（3）在食品加工中的应用

① 银杏叶口服液 采收秋季即将脱落的银杏叶，去除杂物及腐烂叶后，分选，用清水清洗去杂，烘干至含水量达5%左右，过20目筛，35%乙醇浸提20min，提取液（55%）添加洋槐蜜（44%）、柠檬酸、苯甲酸等辅料适量混合均质，杀菌后包装成品。产品特点为色泽红褐、风味柔和、清香宜人、酸甜可口。

② 银杏叶保健茶　银杏叶保健茶是银杏叶应用于食品的主要产品。按照加工方法不同，有绿茶型、乌龙茶型、袋泡茶等几种类型。绿茶型银杏茶加工工艺为：原料→杀青→揉捻→烘烤→摊晾→复烘→过筛→分拣→包装。产品外形与绿茶相似，茶汤呈黄褐色，如杀青技术火候适宜，则茶汤呈淡黄绿色，银杏香气浓郁、滋味稍苦。乌龙茶型银杏叶茶加工工艺为：鲜叶采摘→洗青→晾青→做青→杀青→揉捻→烘干→包装。产品具有银杏香气、色亮、味甘苦。

③ 银杏叶饮料　以银杏叶提取物为基料，配以蜂蜜或水果浓缩汁、柠檬酸和苯甲酸钠，制成具有银杏风味的饮料。产品中黄酮含量较高，具有一定的保健功效。

3.2.2.4　山楂叶

山楂叶为蔷薇科植物山楂的干燥叶（图3-10）。长期以来，人们只注意山楂果的开发和利用，而山楂叶自生自落，无人问津，使这一宝贵资源严重浪费。近年来，人们在山楂叶中分离得到多种活性成分，其中黄酮类成分对心血管疾病有显著疗效，并具有降血压、降血脂的功效，尤其对缺血性心肌损伤有明显的保护作用。积极开发和利用山楂叶是充分利用自然资源、满足日益增长的天然功能食品需求的重要途径。

图3-10　山楂叶的形态特征

（1）形态特征

山楂树为落叶乔木，树皮粗糙，呈暗灰色或灰褐色；刺长 1 ～ 2cm，有时无刺；小枝圆柱形，当年生枝为紫褐色，无毛或近于无毛，疏生皮孔，老枝为灰褐色；冬芽三角卵形，先端圆钝，无毛，紫色。叶片为宽卵形或三角状卵形，或为稀菱状卵形，先端短渐尖，基部截形至宽楔形，通常两侧各有 3 ～ 5 羽状深裂片，裂片呈卵状披针形或带形，先端短渐尖，边缘有尖锐稀疏不规则重锯齿；叶柄无毛；托叶草质，镰形，边缘有锯齿。

（2）食用特性

山楂的干燥叶，味酸、微苦。山楂叶的主要化学成分为黄酮类，现已分离得到的主要有牡荆素、槲皮素、金丝桃苷、牡荆素 2-O-鼠李糖苷、2-O-乙酰基牡荆素和6-O-乙酰基牡荆素。除此之外，山楂叶中还含有芦丁、三羟基黄酮葡萄苷、对羟基苯甲酸、苹果酸、熊果酸等有机酸类；二十乙烷醇等有机醇类；还含有山梨醇、盐酸二乙胺和胡萝卜苷等其他成分。

山楂叶中含有17种氨基酸，其中丙氨酸、天冬氨酸、谷氨酸、异亮氨酸、胱氨酸含量远高于山楂果，氨基酸的总含量比山楂果高36%。山楂叶中的K、Ca、P、Mg及Fe的含量高于山楂果。每千克成熟期山楂叶维生素C含量为8.2 ～ 12.2g，是果实的10倍左右；从5月到11月落叶前，其维生素C含量呈上升趋势，落地的棕色叶片中维生素C含量极低；11月初维生素C含量最高，此时正是收获山楂果的季节，为避免影响山楂果的生长和产量，一般在收果后再采收叶子。

（3）在食品加工中的应用

① 山楂叶茶　采摘山楂树主干中下部及侧枝中下部的叶片，放入竹筐中，不可挤压。将采摘叶中的病虫叶、黄叶、草叶及其他杂质拣出后，立即淘洗2 ～ 3遍，置于竹席上或竹匾内摊晾。摊晾要在通风干燥的地方，室温22 ～ 24℃，堆积厚度3 ～ 5cm，时间不超过40h。摊晾中要经常翻动，否则叶上水分不易干或者堆内生热，导致叶片褐变。加工参照烘青绿茶的加工方法进行，工艺为：杀青→切分→初揉→第2次摊晾→复揉→烘干。

② 提取生物活性成分　以山楂叶为原料，用乙醇做提取剂提取得到的糖浆状浸膏，经过精制后，可用于保健食品的生产。根据实际需要，可以制成片剂、冲剂或口服液等。将提取活性成分后的山楂叶渣加25倍水，再加入适量0.006%的六偏磷酸钠，用盐酸调节pH值为2，加热至95℃，并恒温90min，提取液过滤和浓缩后，加入4倍体积的乙醇沉淀出果胶。山楂叶是一种含量较高的果胶资源，以提取活性成分后的山楂叶渣为原料提取果胶，大大提高了山楂叶的综合利用率。

③ 山楂叶饮料　将山楂叶浸膏与白砂糖、麦芽糊精等配料一起加工，可制得山楂叶粉或山楂叶晶固体饮料；也可将山楂叶浸膏配以白砂糖、适量柠檬酸、六偏磷酸钠、砂滤水等制得风味独特、营养丰富的汽水、果汁等各种液体饮料。

3.3　可食性根茎

一些木本植物和草本植物的根茎可食用，如艾蒿、蒲公英、仙人掌、百合等，它们的根茎大都具有丰富的营养物质，是值得开发的食品资源。下面介绍几种常见的可食根茎类园艺植物的形态特征、食用特性以及开发利用情况。

3.3.1　百合

百合是百合科百合属多年生草本球根植物，是重要的食药两用和观赏植物。百合在中国栽培历史悠久，目前规模栽培的食用百合主要有兰州百合、卷丹和川百合等。百合含有多糖、甾体皂苷、酚类化合物、黄酮类化合物和生物碱等活性物质，被我国卫生计生委列入药食兼用资源目录，其肉质鳞茎富含多种营养物质，可食用及药用。

3.3.1.1　形态特征

百合为多年生草本植物，株高70～150cm。鳞茎近于球形，淡白色，先端常开放如莲座状，由多数肉质肥厚、卵匙形的鳞片聚合而成。茎直立，呈圆柱形，常有紫色斑点，无毛，绿色。百合的花大，多白色，呈漏斗形，单生于茎顶。百合喜凉爽，较耐寒，在高温地区生长不良，土壤湿度过高则引起鳞茎腐烂死亡。对土壤要求不严，但在土层深厚、肥沃疏松的沙质壤土中，鳞茎色泽洁白、肉质较厚。

3.3.1.2　食用特性

百合的食用部分为长于地下的球形鳞茎，由众多鳞片抱合而成，肉质白嫩，含有丰富的营养成分。每100g百合中，含蛋白质4g、脂肪0.1g、碳水化合物28.7g、灰分1.1g、膳食纤维1g、钙9mg、磷91mg、铁0.9mg及多种维生素。除一般成分外，百合中还含有许多具有生理功能的成分，如磷脂、百合皂苷、百合多糖、秋水仙碱等，具有镇咳、祛痰、抗疲劳、耐缺氧、抗癌等保健功能。

百合多糖由D-半乳糖、L-阿拉伯糖、D-甘露糖、D-葡萄糖、L-鼠李糖等组成，研究表明百合多糖具有抗氧化作用，可使D-半乳糖引起的衰老小鼠血液中超氧化物歧化酶、过氧化氢酶和谷胱甘肽酶活力升高，能增强免疫抑制小鼠的非特异性和特异性免疫功能，同时对四氧嘧啶引起的糖尿病模型小白鼠有明显的降血糖作用。百合中秋水仙碱具有很好的抗癌作用，其作用机理为抑制肿瘤细胞的纺锤体，使其停留在分裂中期，不能进行有效的有丝分裂，特别是对乳腺癌的抑制效果比较好。百合皂苷比人参皂苷清除羟自由基的能力强，从百合皂苷中可以分离得到10余种有效成分，如β-合甾醇、萝卜苷、丁基-β-D吡喃果糖等。百合有良好的营养滋补功效，特别是对病后体弱、神经衰弱等症大有裨益，可以防止白发，缓解肌肉疼痛，缓解湿疹、皮炎症状。

我国自古就有食用百合的习惯。宋代林洪在《山家清供》中，提到百合食用方法："春秋仲月采百合根暴干，捣筛和面作汤饼，最益气血，又蒸熟可以佐酒。"明代《花疏》中记有："百合宜兴最多，人取其根馈客。"明代中叶编纂的《平凉县志》中记载："蔬则百合山药最佳。"《本草纲目》中记有："百合新者，可蒸可煮，和肉更佳；干者做粉食，最宜人。"明代高濂在《饮馔服食》中收有百合面，即"用百合捣为粉，和面搜为饼，为面食亦可。"食用百合宜用鲜品，将鲜百合鳞片剥下，撕去外层薄膜，洗净后在沸水中浸漂一下，除去苦涩味，另加水加糖煨烂，甜酥清香，若加入红枣或绿豆同煮，则更显清凉爽口。百合干磨粉可做成许多口味极佳的甜食，甘糯可口，并有滋补的功效，为人们所喜爱。

3.3.1.3　在食品加工中的应用

（1）百合粥

用百合煮粥，是民间最常见的食用方法。尤其在秋后新鲜百合上市时，食用百合粥的人更多。其做法是：百合干后研粉，用粉30g（或用鲜百合100g），冰糖适量，同粳米100g煮粥，早晚食用或同点心服食。另外，还有人参百合粥、百合杏仁赤豆粥、百合绿豆粥、薏米百合粥、百合糙米粥、糯米百合粥等。

（2）百合菜肴

许多地方的传统名菜中，很多是利用百合作为主料或辅料，如甘肃滋补药膳百合鸡丝、北京名菜百合鱼片等。百合可以做成多种家庭美食，如鸡蛋百合，其做法是：鸡蛋4个，鲜百合300g，先油煎鸡蛋，后放入洗净的百合，加各种辅料炒之。百合软面，微苦，有清痰火、补肾气、增气血的功效，鸡蛋鲜嫩，可补阴血，两者同做并加适量白糖食用，能养阴润燥，清心安神，健脑益智，具有独特的保健功能，宜长久食之。民间还有取百合鲜鳞茎切末，蒸鸡蛋羹的习惯。百合还可做成火腿百合、百合鲤鱼、莲子百合红豆沙、百合花生糊、百合绿豆沙、干蒸百合、百合肉和清炒百合（图3-11）等许多菜肴。

图3-11　清炒百合

（3）百合汤

百合汤的做法是将鲜百合100g洗净，放入锅内，加水500g，文火煮沸，烂熟后加入适量白糖，即可食用。此饮适用于病后余热未清，心阴不足所致之虚烦不眠，对肺燥干咳、痰中带血的患者亦很适宜。此外，也可用鲜百合100g、红枣30g、莲子20g，加水适量煮烂，每日饮用100～150mL，连服半月，可治因虚火上升、心烦多梦所致失眠。将鲜百合鳞片榨取原汁，装瓶直接饮用，香醇可口。百合汤的种类很多，还有百合莲子汤、百合熟地鸡蛋汤、百合玫瑰汤、百合鱼汤、百合十味汤、百合鸡蛋汤、山楂百合汤、乌龟百合红枣汤、百合银耳汤等。百合汤可热饮，也可冷饮，依生活习惯不同，随意调配。

（4）百合干

将鲜百合鳞片剥下，开水烫漂后晾晒或直接用火炕烤干，即可制成百合干，可以长久保存，随时取用，烹饪食用前用冷水浸发即可。百合干也可磨制成百合粉，做成糕饼、月饼馅料等。如百合面是以百合粉适量，和面做饼，以油煎饼食之，可供主食用。其功效为清心安神，补益气血，可辅治烦躁、身热等。

3.3.2　仙人掌

仙人掌是仙人掌科仙人掌属的肉质植物。仙人掌类植物是仙人掌科所有种类的统称，原产于南美的一些国家，生长在干燥、光照充足的地区，但是随着其营养价值和保健价值被发现，食用仙人掌开始风行世界，现在世界各地均有人工种植的食用仙人掌，并呈迅速发展的趋势。

3.3.2.1　形态特征

仙人掌为丛生肉质灌木，高 1.5 ～ 3.0m。上部分枝宽，呈倒卵形、倒卵状椭圆形或近于圆形，长 10 ～ 35cm，宽 7.5 ～ 20.0cm，厚达 1.2 ～ 2.0cm，先端圆形，边缘通常呈不规则波状，基部为楔形或渐狭，为绿色至蓝绿色，无毛；小窠疏生，直径 0.2 ～ 0.9cm，明显突出，密生短绵毛和倒刺刚毛；刺为黄色，有淡褐色横纹，粗钻形，基部扁，坚硬；倒刺刚毛为暗褐色，长 2 ～ 5mm，直立；短绵毛为灰色，短于倒刺刚毛，宿存。叶呈钻形，长 4 ～ 6mm，绿色，早落。仙人掌茎的内部构造与其他双子叶植物一致，在内部的木质部与外部的韧皮部之间有形成层，但茎的大部分由薄壁的储藏细胞组成，细胞内含黏液性物质，可保护植株避免水分流失。仙人掌的茎是主要的制造养分和储藏养分的器官。

仙人掌品种很多，但并不是都可食用。常见的可食用仙人掌主要有：米塔邦、金字塔、皇后等品种，其中尤以米塔邦为优质食用仙人掌品种，无论是植株还是果实，都明显优于野生的品种。我国主要引进种植米塔邦仙人掌，其形态特征为肉质绿色、有节、无刺或基本无刺，茎节为扁平状，呈卵形，长 14 ～ 40cm，株高 2 ～ 3m，生产期 10 ～ 15 年。仙人掌喜干燥、喜光、喜热。

我国南方冬季气温保持在 0℃ 以上可露天种植仙人掌，北方采用大棚种植。作为食用的茎片，越老酸度越高。采片时，茎片过嫩过老都影响其产量和质量。一般以萌芽后一个月以内，无明显伤斑、病斑，第二节或第三节刺座脱落后采片为最佳。作为种用茎片，以萌芽后生长 6 个月以上，茎片刺座全部脱落，厚度超过 2cm 时采片为最佳。

3.3.2.2　食用特性

仙人掌营养丰富，经国家蔬菜工程技术研究中心检测，每 100g 米塔邦仙人掌茎中含有蛋白质 1.3g、矿物质 0.9g、纤维素 6.7g、钙 162mg、磷 17.0mg、铁 2.6mg、维生素C 15.9mg、维生素 B_1 0.03mg、维生素 B_2 0.04mg、维生素A 220μg，有机酸以柠檬酸和苹果酸为主，未检出草酸；其钾、钙、铜、铁、锰及锶的含量与其他蔬菜相比均属较高水平，特别是钾的含量明显高于其他蔬菜，而钠离子及重金属含量都很低；还含有黄酮类化合物、生物碱、多糖等生物活性物质以及玉芙蓉、角蒂仙、抱壁莲等药用成分。

嫩度是影响仙人掌茎片营养成分的主要因素，不同营养成分在仙人掌的不同生长时期的含量不同。与多年生的仙人掌老片相比，2 年生嫩片中的钾和锰的含量较高，而钠、钙、铁的含量较低；同时，随着仙人掌的不断生长，其碳水化合物、纤维素的含量不断增加，蛋白质的含量不断减少。季节对仙人掌茎片的化学成分也有很大影响：春季，仙人掌嫩片中的水分、还原性糖、淀粉、粗蛋白质的含量最高；夏季，灰分、粗纤维的含量最高；冬季，氮、钾、磷元素的含量最高，钙的含量最低。采收时间也会对仙人掌茎片的营养成分造成影响。夜间，由于仙人掌积累了大量的苹果酸，酸度较高；白天，苹果酸经卡尔文循环转化为六碳糖和淀粉，酸度下降，下午采收的茎片酸度仅相当于早晨采收的 10% ～ 20%。

食用仙人掌时，先用刀稍削去掌片边缘及双面上的刺座，切成片、块、条、丝、丁等不同形状，放入水中焯一下，可以根据各自不同的口味与多种食品凉拌（图 3-12），也可以煎、炒、炸、煮、煲等。此外，还可以按各地的食用习惯，做成各种不同风味的美味菜肴。我国传统医学认为，仙人掌味淡，功能行气活血，清热解毒，消肿止痛，健脾止泻，安神利尿，可以内服外用治疗多种疾病。现代医学研究也发现食用仙人掌具有多方面的药理学功能，可以调节机体代谢，增加微循环，改善胃肠功能，溶解血栓，加快脂肪分解速度，调节血脂、降血糖、降血压、抗肿瘤、抗病毒等。

图3-12　凉拌仙人掌片

3.3.2.3　在食品加工中的应用

（1）作为水果食用

仙人掌营养丰富，纤维细，含水多，故一些巨大的球形或柱状仙人掌类植物常成为沙漠旅行者的天然水源。据分析，仙人掌汁的营养不亚于果汁，只是缺少果汁那种香味。仙人掌可加工晒干，风味犹如葡萄干，也可加工成蜜饯、果脯和果酱。

（2）仙人掌饮品

仙人掌茎片鲜嫩多汁，清香爽口，可榨汁加工成天然的仙人掌汁，也可进一步生产浓缩汁、复合果汁、复合果蔬汁等；还可通过微生物发酵，加工制成仙人掌乳酸饮料、仙人掌酸奶、仙人掌醋酸饮料和仙人掌酒等。

（3）仙人掌保健品

仙人掌茎片对糖尿病及肥胖病有良好的治疗作用，在墨西哥已有用仙人掌茎片烘干加工制成片剂或胶丸的保健品。

3.3.3　玉竹

玉竹为百合科多年生草本植物，因该植物形态似竹且光莹如玉，故名玉竹。其根茎可入药，为滋养强壮剂；其根茎亦可食用，营养丰富。玉竹作为一种优良的滋养、防燥、降压祛暑的营养滋补品越来越受到人们的喜爱，作为保健食品的需求量远远高于医药行业的需求量。

3.3.3.1　形态特征

玉竹的根状茎呈圆柱形，直径5～14mm，茎高20～50cm，叶互生，呈椭圆形至卵状矩圆形，长5～12cm，宽3～16cm，先端尖，下面带灰白色，下面脉上平滑至呈乳头状粗糙。根茎横走，肉质黄白色，密生多数须根。叶面为绿色，下面为灰色。花腋生，通常1～3朵簇生。

玉竹耐寒、耐阴湿，忌强光直射与多风。野生玉竹生于凉爽、湿润、无积水的山野疏林或灌丛中。生长地土层深厚，富含砂质和腐殖质。栽培时，宜选择土层深厚、排水良好、向阳的微酸性砂壤土，深翻30cm以上，同时每亩施入农家肥作基肥，整细耙平，做成宽1.3cm的高畦。用地下根茎繁殖。于秋季收获时，选当年生长的肥大、黄白色根芽留作种子。随挖、随选、随种，若遇天气变化不能下种时，必须将根芽摊放在室内背风阴凉处。

3.3.3.2　食用特性

玉竹的根茎可供食用，秋季采挖，洗净，晒至柔软后反复揉搓，晾晒至无硬心，晒干，或蒸透后揉至半透明，晒干，切厚片用（图3-13）。玉竹中碳水化合物的含量较高，达到了8.14%，粗纤维的含量为3.84%，灰分和蛋白质的含量分别为1.74%和3.32%。玉竹中所含氨

图3-13　干玉竹

基酸不但种类较多，而且含量丰富，其中人体必需氨基酸的含量为3.14%，占玉竹中总氨基酸含量的25.10%。玉竹多糖是玉竹的主要有效成分，含量一般为6.51%～10.27%。不同产地玉竹多糖含量不同，不同时期多糖含量也有差异，野生品种多糖含量高于栽培品种，一般3年生比2年生含多糖量高，其中以3年生9月下旬至10月上旬为玉竹多糖含量最高时期。玉竹黏多糖由D-果糖、D-甘露糖、D-葡萄糖及半乳糖醛酸所组成，摩尔比为6∶3∶1∶1.5；玉竹果葡聚糖的单糖组成为果糖（97.5%）和葡萄糖（2.5%），还含有甾体皂苷、黄酮、生物碱、甾醇、鞣质、黏液质和强心苷等功效成分。

玉竹具有补益五脏，滋养气血，平补而润，兼除风热之功效，有滋养镇静神经和强心的作用，对肺阴虚所致的干咳少痰、咽干舌燥和温热病后期、食欲缺乏、胃部不适等症具有治疗作用，对肺结核咳嗽等都有一定的治疗作用。玉竹多糖能提高老鼠机体超氧化物歧化酶活性，增强对自由基的清除能力，抑制脂质过氧化，降低丙二醛含量，从而减轻对机体组织的损伤以延缓衰老。玉竹的甲醇提取物有降低血糖的作用，提取物能使链脲佐菌素引起的糖尿病小鼠血糖降低，能显著降低血葡萄糖水平，并有改善糖耐量的倾向。

3.3.3.3　在食品加工中的应用

玉竹根茎可鲜食，用开水焯熟凉拌，可与肉丝、鸡蛋炒食，与排骨、鱼、猪肝等煮食，与猪肉炖食，也可与百合、香米、铃儿草煲汤；还可采收茎叶包卷的锥状嫩苗，用开水烫后炒食或做汤；另外，玉竹根茎还可制成干品后食用。目前，已开发出了一些玉竹食品，如玉竹饼、玉竹茶、玉竹果脯、玉竹果糖、玉竹米粉等，这些产品具有药食兼用的功能。

3.3.4　马齿苋

马齿苋又名马苋菜、长寿菜，属马齿苋科一年生肉质草本植物，常生于园地或荒地，其资源相当丰富。马齿苋的营养价值和药用价值极高，被我国卫生计生委定为既可作为食品又可作为药品的保健食品原料之一，在食品工业上将具有很大的发展前景。

3.3.4.1　形态特征

马齿苋为一年生草本植物，全株光滑，肉质多汁，茎平卧或斜上，由基部分枝，分枝呈圆柱状，淡绿色，向阳面常常为淡红褐色（图3-14）。叶互生，有时对生，叶片肥厚，倒卵状匙形，全缘，表面为深绿色。花为黄色，花期在6～8月份，果期在7～9月份，夏、秋两季采收，种子为黑色。马齿苋喜温向阳，耐干旱和抗热。发芽温度为18℃，最适宜生长温度为20～30℃。喜氮肥，并且前期以氮肥为主，中后期对钾肥、磷肥要求增多，磷肥能使叶片增厚。对光照要求不严格，生长迅速，抗病抗虫能力强。马齿苋商品菜采收标准为开花前10～15cm长的嫩枝，如采收过迟，不仅嫩枝变老、食用价值低，而且影响下一次分枝的抽生和全年产量。采收一次后隔15～20天又可再次采收，能一直延伸到10月中下旬，生产上一般采用分期分批轮流采收。

图3-14　马齿苋的形态特征

3.3.4.2　食用特性

马齿苋主要食用部分是茎，生食、烹食均可，也可像菠菜一样烹制。马齿苋中含有多种营养成分，每100g鲜马齿苋中，含有蛋白质2.3g，脂肪0.5g，碳水化合物3g，粗纤维0.7g，维生素C 23mg，维生素E 12.2mg，烟酸0.7mg，胡萝卜素2.2mg，还含有α-亚麻酸300～400mg，以及维生素A、维生素B、维生素D与矿物质。马齿苋在营养上有一个突出的特点，它的ω-3脂肪酸含量高于人和植物，能抑制人体对胆固醇的吸收，降低血液中胆固醇的浓度，改善血管壁弹性，对防治心血管疾病很有利。马齿苋可提高人体免疫力、防治心脏病、高血压、糖尿病、癌症等疾病的生理活性成分（如去甲基肾上腺素、鞣质、树脂、生物碱、香豆精类、黄酮类、强心苷和蒽醌苷等）。

《本草纲目》《食疗草本》《开宝本草》等古代医学专著都有记载：马齿苋全草入药，性寒、味酸、无毒，具有清热、解毒、益气、润肠、散血、消肿、止痢，防治多种疾病等功效。马齿苋中含有0.25%的去甲肾上腺素，能促进胰岛素的分泌，调节人体糖代谢，具有降低血糖浓度、保持血糖稳定的作用，经常食用对糖尿病患者有一定的疗效。马齿苋中富含铜元素，人体内的游离铜是酪氨酸酶的重要组成部分，铜能增加表皮中黑色素细胞的密度及黑色素细胞内酪氨酸酶的活性，是白癜风及须发早白患者的辅助食疗佳品。马齿苋中含有生物碱、香豆素、黄酮、强心苷、蒽醌等成分，对大肠杆菌、伤寒杆菌及某些致病性真菌有抑制作用，具有止咳祛痰、消炎解毒的功效，用于痢疾、胃肠炎等治疗，素有"天然抗生素"的美称。

3.3.4.3　在食品加工中的应用

（1）新鲜食用

采马齿苋幼嫩茎，洗净后炒食或做汤或焯水后拌、炝，脆润微酸，鲜美可口。以马齿苋为主料的烹饪佳肴，已出现在星级饭店、宾馆酒楼的餐桌上。

（2）干燥食用

马齿苋晒干后冬季食用。干制品泡发后可做茶和做袋装方便面的配料。干储有整储和碎储，还有清储和腌渍。清储者冬季用来烧肉，与豆角干、茄干等一样，干菜香味浓郁；腌储是将马齿苋洗净后晒至八成后腌渍加麻油拌食，为腌渍菜中的佳品。干制品的工艺流程为：采摘原料→选料→清洗→切分→硬化→护色→热烫→干燥→干成品。

（3）制成方便食品

鲜品或干品泡发后可做马齿苋包子、饺子、糖果、糕点、煎饼、面包、方便面等，如欧洲和美国的一些食品店和餐馆中有马齿苋色拉、马齿苋三明治、马齿苋酱等多种食品应市。我国以马齿苋为主要原料生产的速冻及罐头食品在国际市场上十分畅销，其鲜品用作加工原料的工艺流程为：采摘原料→选料→清洗→硬化→护色→热烫→晾干→切段→调味→消毒→真空包装→成品。

（4）保健饮料

新鲜马齿苋经浸提的汁液，用蛋白糖或甜叶菊苷代替白砂糖，辅以柠檬酸和磷酸混合酸调节口味，制成清凉解暑的消渴茶饮料，特别适用于糖尿病人，有降血糖、降血脂的功效。

3.3.5　牛蒡

牛蒡属桔梗目，菊科二年生草本植物，是一种营养价值极高的根茎类园艺植物。随着人们对牛蒡营养及保健功能的进一步认识，正逐渐成为一种时尚保健食品。

3.3.5.1 形态特征

牛蒡具有粗大的肉质直根，有分枝支根。茎直立，高达2m，粗壮，基部直径达2cm，通常带紫红色或淡紫红色，有高起的条棱，分枝斜生，全部茎枝被稀疏的乳突状短毛及长蛛丝毛并混杂以棕黄色的小腺点（图3-15）。基生叶宽卵形，长30cm，宽21cm，边缘稀疏的浅波状凹齿或齿尖，基部心形，有长32cm的叶柄，两面异色，上面绿色，有稀疏的短糙毛及黄色小腺点，下面为灰白色或淡绿色，被薄绒毛或绒毛稀疏，有黄色小腺点，叶柄为灰白色，被稠密的蛛丝状绒毛及黄色小腺点，但中下部常脱毛。茎生叶与基生叶同形或近似同形，具等样的及等量的毛被，接花序下部的叶小，基部平截或呈浅心形。

图3-15　牛蒡的形态特征

3.3.5.2 食用特性

牛蒡的食用部位是其肉质根。牛蒡鲜根中每100g含水分90.1g、蛋白质4.1g、脂肪0.1g、碳水化合物3.5g、粗纤维1.5g、灰分0.7g、硫胺素0.03mg、核黄素0.5mg、钙2mg、铁2mg、磷116mg。牛蒡肉质根富含蛋白质、氨基酸、多种维生素、膳食纤维、矿物质元素，其中胡萝卜素含量比胡萝卜高150倍，蛋白质和钙的含量居根茎类之首。牛蒡根还含有菊糖及挥发油、牛蒡酸、多种多酚物质及醛类，并富含纤维素和氨基酸。

牛蒡不但含有人体所需的多种营养成分，而且具有极高的保健功能。经常食用牛蒡根，可促进血液循环、清除肠胃垃圾、防止人体过早衰老、润泽肌肤、防止中风和高血压、清肠排毒、降低胆固醇和血糖，并适合糖尿病患者长期食用（因牛蒡根中含有菊糖），对类风湿、抗真菌有一定疗效，对癌症和尿毒症也有很好的预防和抑制作用，因此被誉为大自然的最佳清血剂。牛蒡的膳食纤维可以促进大肠蠕动，帮助排便，降低体内胆固醇，减少毒素、废物在体内积存，有预防和治疗便秘的功能。牛蒡根中所含有的牛蒡苷能使血管扩张、血压下降。牛蒡苦素具有抗癌作用，能抑制癌细胞中磷酸果糖基酶的活性。牛蒡苷和牛蒡酚有抗肾炎活性，能有效地治疗急性进行性肾炎和慢性肾小球肾炎。

3.3.5.3 在食品加工中的应用

（1）保健茶

以牛蒡为主要原料，以决明子、金银花等为辅料，配制成牛蒡凉茶；以焙烤后牛蒡片的水浸提液，利用热水为介质，溶解牛蒡中的有效成分，再复配其他辅料，调配成不同风味的保健茶。

（2）烹饪菜肴

牛蒡根中含大量的营养物质，食用时先刮去外皮，洗净后，以沸水焯过或水浸过后，再加工成块、段、条、丝等。牛蒡根和嫩叶可拌、炝、炒、烧、炖、做汤、做粥、调馅、酱渍以及做辅料食用。以牛蒡为主要材料烹制的美味佳肴有凉拌牛蒡、牛蒡炒肉丝、牛蒡炖肉、牛蒡鸡汤、牛蒡粥等。

（3）菊糖提取

牛蒡根中菊糖含量较高。菊糖活性广泛，对控制尿糖有一定的辅助疗效，可作为防治肿瘤、冠心病、糖尿病、结肠癌、便秘等的保健食品配料。牛蒡菊糖的制备方法如下：牛蒡根洗净、晾干、切片，然后经干燥、机械粉碎、过筛，制得牛蒡根干粉，分次热水浸提并分次过滤，合并提取液。将提取液除去小分子杂质后脱色处理，减压浓缩；将浓缩液脱蛋白，离心除去滤渣；所收集的滤液进行乙醇沉析、离心，收集滤饼；用无水乙醇、丙酮反复洗涤；真空干燥、制粉得牛蒡菊糖成品。

　　由于牛蒡具有药用与食用双重价值，资源丰富，综合开发简便易行，被国家卫生计生委认定为新资源食品。但是目前牛蒡的国内市场开发较少，国人极少有食用习惯，这可能与栽培时间短、上市供应量少、人们尚不了解其营养价值有关。随着人们对牛蒡食用价值和食用方法的了解，牛蒡逐渐由稀特蔬菜发展为日常蔬菜，从而产生良好的社会效益和生态效益指日可待。

思考题

1.简述菊花的食用特性及其在食品加工中的应用。
2.花卉的常用储存方法有哪些？
3.如何提取花卉中的功效成分？
4.可食性叶片的营养特点是什么？
5.简述桑叶中调控机体血糖的活性成分及其作用机理。
6.仙人掌可食用部分的营养成分受哪些因素的影响？
7.通过查阅文献说明牛蒡菊糖的研究进展。
8.举例说明园艺植物的可食用部分有哪些？

第4章
园艺植物的保健与功能性美食开发

研究表明，可食性园艺植物花朵中的花蜜和花粉中含有可供人体吸收的物质有96种之多。其中，氨基酸22种，维生素14种，还含有丰富的糖、蛋白质、脂类，多种活性蛋白酶、核酸、黄酮类化合物等活性物质；有的含有较高的铁、锌、钙、镁等人体所必需的矿质元素以及一些人类尚未了解的高效活性物质，对增强体质和保持健康有十分重要的作用。在西方，食用花卉有"穷人医生"之称，被科学家列入抗癌食谱。花卉不但营养丰富，而且有较高的医疗保健价值。现有资料介绍，目前有几百种花卉可入药，我国十大名花都有药用价值，如《本草纲目》中记载，荷花全身是宝，能止血活血。近百年来，我国在花卉的药用研究和应用方面得到了较大的发展。人们发现，许多花卉有着极其显著和广泛的药理作用。例如，金银花具有很好的清热解毒功效，对热毒病症，无论是瘟病、痈肿、疮疡疔疖、毒痢脓血，都有较显著的疗效；食用菊花中含有菊苷、胆碱、腺嘌呤、水苏碱等成分，还含有龙脑、龙脑乙酯、菊花酮等挥发油，对痢疾杆菌、伤寒杆菌等均有抑制作用；月季花和冰糖炖服可治肺虚咳嗽；火龙果花具有预防便秘、促进眼睛健康、抗氧化、抗自由基、抑制痴呆症等功效。

4.1　金银花

金银花，又名忍冬"金银花"，一名出自《本草纲目》，由于忍冬花初开为白色，后转为黄色，因此得名金银花（图4-1）。药材金银花为忍冬科忍冬属植物忍冬及同属植物干燥花蕾或带初开的花。

金银花，三月份开花，微香，蒂带红色，花初开色白，经一、二日则色黄；另外，金银花一蒂两花，两条花蕊探在外，成双成对，形影不离，状如雌雄相伴，又似鸳鸯对舞，故有鸳鸯藤之称。

金银花最明显的特征在于具有大型的叶状苞片。它在外貌上有些像华南忍冬，但后者种的苞片狭细而非叶状，萼筒密生短柔毛，小枝密生卷曲的短柔毛，与金银花明显不同。金银花的形态变异非常大，无论在枝、叶的毛被，叶的形状、大小及花冠长度，毛被和唇瓣与筒部的长度比例等方面都有很大的变化。但是，所有这些变化看来较多地同生态环境相联系，并未显示与地理分布间的相关性。

图4-1　金银花

4.1.1 食用价值

4.1.1.1 金银花茶

我国饮用金银花茶的历史悠久。古代《金代药贴》记载，金银花加水制成金银花露有清热解暑、解毒、养血止渴的作用。用金银花代茶泡饮，可预防中暑、肠道传染病等夏季疾病。金银花同野菊花、麦冬共泡代茶或制成青梅保健茶，可清热解毒、消暑生津，用于急慢性咽炎、扁桃体炎，缓解咽喉疼痛等。用金银花和甘草、桑叶、菊花、茅根、胖大海、罗汉果等药食两用的植物为原料制成的金银花凉茶是新一代清凉下火、清咽润喉之佳品。

金银花工艺保健茶，其特征在于茶中的金银花是整朵带叶和花柄的，温水浸泡后，花叶展开，还原其鲜花、鲜叶的原生态形体，且汤色靓丽，保存了金银花自然的清香味。

4.1.1.2 金银花饮料

金银花饮料呈黄绿色，清亮、透明，无沉淀和肉眼可见的外来杂质，具有金银花特有的滋味和气味，酸甜适口，是用金银花经过浸提，并调配适当的甜味剂、矫味剂和品质改良剂，再经超滤、灭菌、灌装等工序制成。

4.1.1.3 金银花复合饮料

（1）金银花-绿茶复合饮料

这种饮料色泽清澈明亮，具有金银花和绿茶的香味，清凉爽口，芳香甘甜，并且兼具金银花和绿茶的保健功能，由金银花和绿茶经烘焙、浸提、调配加热、灌装和灭菌等工序制作而成。

（2）金银花-菊花-苦瓜保健饮料

这种饮料浅黄绿色，滋味、气味纯正，无异味，具有苦瓜、菊花、金银花特有的混合协调香气，香气柔和，口感清凉；组织清晰透明，无悬浮物和杂质，久置允许有少量沉淀。该饮料所选原料资源丰富，且具有良好的保健功能。

4.1.1.4 金银花复合口服液

以芦荟金银花蜂蜜复合功能营养口服液为例，该口服液以芦荟、金银花、蜂蜜为主要原料，产品具有芦荟和金银花的天然风味。复合营养口服液的最佳配方为芦荟汁20%、金银花汁10%、蜂蜜1%、元贞糖0.3mg/mL。

4.1.1.5 金银花复合酸奶

（1）金银花复合酸奶

以金银花和鲜牛奶为主要原料，集金银花和酸奶的保健功能于一体，呈乳白色，均匀一致，无分层、无气泡及沉淀现象，具有金银花的味道和浓郁的酸奶香味，无异味，酸甜适中，口感细腻润滑、柔和。

（2）香菇、银耳、金银花复合保健酸奶

色泽均一，分布均匀，凝块结实，无杂质、不分层，无乳清析出；有酸奶特有的发酵香和淡淡的香菇风味，无异味；酸甜适度，口感细腻。

4.1.1.6 金银花保健酒

利用沂蒙山区丰富的金银花资源，与兰陵美酒的传统工艺相结合，开发研制的金银花酒，酒色泽如琥珀，清亮透明。具有兰陵美酒和金银花之独特复合香气，诸香谐调、口味醇厚、酸甜适宜，具有独特的典型风格。

4.1.1.7　金银花软糕

将金银花的应用范围扩大到固体食品制作中，可增加糕点种类，并赋予糕点独特的医用价值，丰富食品的营养性、功能性和多样性。

按总质量份数计算，各原料的质量份数分别为糯米粉1份、干金银花苞1份、糖1份、蜂蜜1份、藕粉5份。金银花用高温进行烘烤后不但鞣质、绿原酸、总糖、可溶性糖含量均有所提高，钙、铁、镁离子煎出量增高，锌、钠离子煎出量降低，同时口味降低，增加了焦糊味的口感，进一步提高了金银花的医用功效。

4.1.2　药用价值

金银花自古被誉为清热解毒的良药，性甘寒、清热而不伤胃；气芳香，透达又可祛邪。金银花既能宣散风热，还善清解血毒，用于各种热性病，如身热、发疹、发斑、热毒疮痈、咽喉肿痛等症，均效果显著。

《本草纲目》记载，金银花能治"一切湿气、诸肿毒、痈疽疥癣、散热解毒"，有"久服轻身，延年益寿"之功效。乾隆年间《延寿丹方》有金银花滋润皮肤、返老还童的描述，清朝慈禧太后更是把它作为养颜美容的补品。20世纪80年代沂蒙山区有顺口溜："常喝金银花，今年二十，明年十八"。金银花的原花冲之代茶，嗅之气味芬芳，饮后神清气爽。夏秋服用金银花茶，既能防暑降温、降脂减肥、养颜美容，又能清热解毒、百病不生。

近年来，关于金银花功能性的研究不断深入，主要集中在解热消炎、抑菌抗病毒、保肝护肝、调节免疫系统、降低血脂、止血、抗氧化等方面。

4.2　梅

梅属蔷薇科，小乔木，稀灌木，高可达10m，常具枝刺。树干褐紫色，多纵皱纹，小枝绿色或以绿为底色，无毛。叶片广卵形至卵形，叶边常具小锐锯齿。花多每节1~2朵，多无梗或具短梗，有芳香，先于叶开放（图4-2）；花瓣5枚。果实近球形，直径2～3cm，黄色或绿黄色，被柔毛，味酸；果肉与核粘贴；核椭圆形，两侧微扁。花期冬春季，果期5～6月份。梅分为果梅、花梅和花果兼用梅三大类，主要用于观赏、食用。

图4-2　梅花

4.2.1　食用价值

梅是中国特有的传统花果，已有3000多年的应用历史。《书经》云："若作和羹，尔唯盐梅。"《礼记·内则》载："桃诸梅诸卵盐"。《诗经·周南》云："缥有梅，其实七兮！"。在《秦风·终南》《陈风·墓门》《曹风·鸤鸠》等诗篇中，也都提到梅。上述古书的记载说明，古时梅子作为调味品，是祭祀、烹调和馈赠等不可缺少的东西。至今云南下关、大理等地的白族同胞，以梅代醋的习俗仍沿用不衰。在工业上梅醋可作媒染剂，加入子苏叶液，就呈鲜红色，可作各种食品的着色剂。1975年，中国考古人员在安阳殷墟商代铜鼎中发现了梅核，这说明早在3200年前，梅已用作食品。花梅主要供观赏。果梅其果实主要作加工或药用，鲜花可提取香精，花、叶、根和种仁均可入药。《三国演义》中，曹操"望梅止渴"的典故即是佐证。古代，人们用白梅花、檀香粉、面粉和水制成的鲜花汤饼，汤鲜花香，味美无穷。《红楼梦》中就有"梅花香饼"的记载。用白米煮粥，待熟后，再加入梅花，便成为"梅花粥"，食之可令人口舌生香，津津有味。此外，梅花还可入茶，《红楼梦》中就有妙玉用梅花雪水煎花待客的故事。梅花花蕾的蒸馏液称梅露，直接饮用能生津止渴，也可与金银花露合用。将梅花与绿茶、冰糖和在一起用沸水冲泡，频饮有舒肝理气、健脾开胃之功效。梅果味酸，不宜大量食用，大部分采用不同工艺和配方，加工成食品。常见的梅食品有：梅胚（咸梅干）、干湿梅、话梅、乌梅、酸梅汤、酸梅晶、青梅爽、糖青梅、雕梅、梅卤、梅酒、炖梅醋、梅晶固体、鲜梅汁等，其中，洱宝话梅、青梅爽、炖梅醋是云南大理的知名品牌产品。梅果还可以作糖果、糕点的调味品，用于烹饪，还能促使肉类早熟。

4.2.2　药用价值

梅是传统的中药材，特别是乌梅的药用最广，已有1000多年的历史。李时珍在《本草纲目》中称：梅，味酸、温、平、涩、无毒，有除烦闷、安心神和明目益气的作用。梅果是提取枸橼酸的原料，可食、盐渍或干制，有开胃健脾、生津止渴、解热祛风寒等功效，春天食用能醒脑安神，夏天食用能提神降暑；熏制成乌梅入药，为收敛剂，能治痢疾，有治虫、治肺气，止咳和治伤寒、虚痨、酒毒等功效。梅果含有柠檬酸、琥珀酸、枸橼酸、苹果酸、苦味酸、酒石酸等多种有机酸，以柠檬酸为主，具有解毒、净血、杀菌、收敛、降血压、降血脂的功能，而其中的苦味酸，对大肠杆菌、痢疾杆菌等有抑制作用，具有止泻治痢、驱虫镇呕等功效。种子含苦杏仁苷；花含挥发油，油中含苯甲醛、苯甲酸等。花蕾能开胃散郁、生津化痰、活血解毒；梅根研成粉末可治风癣、胆囊炎、黄疸等疾病。梅叶可治月经过多、霍乱等病。梅核可清暑、明目、安神。用白梅花瓣敷贴在嘴唇生疮部位，有治开裂出血的作用。

4.3　紫藤

紫藤又名朱藤、藤萝，豆科紫藤属落叶藤本树种，分布于我国西北、华北及长江流域诸省。紫藤花（图4-3）性微温、味甘，具有利水消肿、散风止痛的功效，主治小便不利、关节肿痛及痛风等症。紫藤花具有浓郁的香味，在民间具有多种食用方法，如藤花粥、藤萝馅饼、西红柿藤花炒鸡蛋、藤花羊肉煲、藤萝汤、花瓣糖渍糕点等。科学研究发现，紫藤花精油的主要成分是龙涎香精内酯、里那醇、α-松油醇等；紫藤花对香瓜枯萎病菌和白菜软腐病菌具有良好的抑制作用；从其种子中提取所得的紫藤凝集素，在临床免疫和细胞遗传研究中也有一定的应用前景。

图4-3 紫藤花

4.3.1 食用价值

在河南、山东、河北一带，人们常采紫藤花蒸食，清香味美。金朝学者冯延登称赞，在斋宴之中，紫藤花堪比素八珍的美味。食用紫藤花的风俗绵延传承至今。民间紫藤花可以水焯凉拌、裹面油炸，也可作为添加剂，制作"紫萝饼""紫萝糕""紫藤粥"及"炸紫藤鱼""凉拌葛花""炒葛花菜"等风味美食。

例如，紫藤花猕猴桃面条选用紫藤花以及面粉、糯米粉、黄米面、紫薯、南瓜、土豆、鸭皮、菠萝肉、银耳、玉竹、梨树根、地黄叶、桔梗、益智仁、荷叶、猕猴桃、盐、碱面等作为原料制作而成，营养丰富、口感鲜香，且具有一定的食疗养生作用。

4.3.2 药用价值

紫藤以茎皮、花及种子入药。紫藤花可以提炼芳香油，并可以解毒、止吐泻。紫藤的种子有小毒，含有氰化物，儿童食入两粒种子即可引起严重中毒，可治疗筋骨疼，还能防止腐烂变质。紫藤茎皮味甘、苦，有小毒，可杀虫、止痛，可治风痹痛、蛲虫病等。其豆荚也有毒，人食用会发生呕吐、腹痛、腹泻以致脱水。

紫藤花可制成精油，其主要成分是龙涎香精内酯、里那醇、α-松油醇、7,8-二羟基香豆素、2,3-二氢-苯并呋喃、吲哚等。龙涎香醇是一种非常重要的香料，可通过龙涎香精内酯得到，而龙涎香精内酯的结构较为复杂，合成上有一定困难，从天然产物中获得就比较有意义。另外，里那醇、2,3-二氢-苯并呋喃及香豆素都是常用的香料，在食品工业及香料工业上具有广泛的用途。α-松油醇在紫丁香、百合等香精中起主香剂作用，在玉兰、松林香精中起协调剂作用，纯α-松油醇还可用于食用香精中，苯乙醇、香叶醇是玫瑰系列香精的主香剂。6-甲基-5-庚烯-2-酮具水果香和新鲜清香香气，主要用于配制香蕉、梨和浆果类香精。

4.4 黄花菜

黄花菜（图4-4）又名金针菜，俗名金针花，为百合科多年生草本植物，原产于我国南部及日本，其根、叶、茎、花在东亚地区作为食品和传统的药品，已有几千年的历史。黄花菜鲜甜味美，荤素兼优，在我国医学3000多年的食疗历史中，黄花菜被列为常用食疗食品之一。中医认为黄花菜具有平肝养血、消肿利尿、抗菌消炎、止血、镇痛、通乳、健胃和安神的功能，能治疗肝炎、黄疸、大便下血、感冒、痢疾、尿路感染、头晕、耳鸣、心悸、腰痛、水肿、缺乳、关节肿痛等多种病症。黄花菜营养丰富，含有糖类、蛋白质、维生素、无机盐及多种人体必需的氨基酸。黄花菜属高蛋白、低热值、富含维生素及矿物质的蔬菜。在现代生活中，黄花菜与香菇、木耳、冬笋一起被称为蔬菜类中的四大珍品。

图4-4　黄花菜

4.4.1　食用价值

4.4.1.1　脱水黄花菜加工

脱水干制是黄花菜加工最传统的方法，为了固定采收后黄花菜的品质，防止酶促褐变，确保制品有良好的色泽，黄花菜采收后一般要先进行热烫处理。黄花菜脱水干制的方法有多种，其中一种是晒干法，即在晴天，将已蒸好摊晾的黄花菜精细地摆放在晒坪或晒席上，晒干，一般不重叠，一天可干燥，如一天晒不干收回要摊放，防霉变，可再晒。经晒干的黄花菜，色泽黄亮，肥大挺直，手握有弹性，松手回原状即可收藏。另一种是烘干法，先将烘房升温至85～90℃，然后装花入房；此时黄花菜大量吸热，烘房温度下降至60～65℃，保持该温度12～15h，然后让温度自然下降到50℃并保持到烘干为止。

4.4.1.2　速冻黄花菜加工

原料经挑选、清理、清洗、烫漂、冷却（＜10℃）、沥水后，进行速冻，黄花菜花蕾的中心温度达−18℃以下，立即包装后进行冷藏。用0.2%的$NaHCO_3$作护色液护绿，在（95±1）℃下热烫50秒的效果最好。这样既可保证在解冻后使褐变率尽可能低，又可充分减少热烫中黄花菜营养物质的损失，还能保证解冻后黄花菜的质地具有商品价值的水平。

4.4.1.3　黄花菜饮品的研发

近年来，陆续出现了黄花菜相关产品的报道，如天然黄花菜汁、黄花菜复合饮料、黄花菜金银花复合饮料、黄花菜酸奶。

4.4.1.4　即食方便产品的开发

将灭酶后的黄花菜和沸煮后的黄豆混合，接入混合乳酸菌后发酵加入调味料等，灭菌灌装，所得产品香气浓郁且营养价值高。

以脱水黄花菜为原料，经过清洗、复水、预煮、离心脱水后，加入各种调味物质（复合核苷酸、复合香辛料、0.05%的$CaCl_2$和0.05%的山梨酸）调味，装袋，真空密封后进行杀菌（90℃，5min），冷却，得到开袋即食的黄花菜产品；产品采用玻璃瓶包装、复合铝箔包装或聚丙烯复合蒸煮袋包装，均可保存9个月以上。

4.4.1.5　其他产品的研发

黄花菜复合鸡肉饼的工业化、标准化生产工艺已有报道，所得产品可烤或油炸，油炸3～4min后表面呈金黄色，皮酥且不油腻。另外，可将黄花菜与荸荠粉混用作为月饼馅料，所得黄花菜月饼原料天然、制备方式简单，且能有效保留原材料的营养成分。而加入黄花菜制作所得黄花牛肉酱味道鲜美、香味独特且绿色健康。

4.4.2 药用价值

黄花菜提取物可抑制纤维原细胞的增生，阻止癌细胞的增殖。黄花菜中含有的秋水仙碱对细胞有丝分裂有明显抑制作用，能抑制癌细胞的增长，在临床上已用于乳腺癌、皮肤癌、白血病的治疗。黄花菜还具有抗氧化作用、杀虫作用、改善睡眠作用、镇静及其他作用。黄花菜的根和叶有消炎、抗黄疸的作用，还具有抗抑郁作用，因而在中国和日本还被称为"忘忧草"。日本学者从黄花菜等几种植物中提取得到了一种药物，该药物具有抗糖尿病、抗肥胖、抗高血压等功能。

4.5 玉兰花

玉兰，为木兰科玉兰亚属落叶乔木，别名白玉兰、望春、玉兰花。原产于我国中部各省，现北京及黄河流域以南均有栽培。花白色到淡紫红色，大型、芳香，花冠杯状，花先开放，叶子后长，花期2～3月份（亦常于7～9月份再开一次花）（图4-5）。玉兰为我国著名的花木，是我国南方早春重要的观花树木。玉兰花外形极像莲花，盛开时，花瓣展向四方，使庭院青白片片，白光耀眼，具有很高的观赏价值。

图4-5 玉兰花

4.5.1 食用价值

玉兰花可直接泡茶饮用，也可加工制作小吃，如玉兰饼、玉兰花蒸糕、玉兰花熘肉片、玉兰花沙拉、玉兰花素什锦、玉兰花米粥、玉兰花蛋羹等。

4.5.1.1 玉兰花保健营养粉

玉兰花保健营养粉由下述质量的原料组成：玉兰花70～80g，红枣30～50g，小麦粉400～500g，桂枝5～8g，防风5～8g，细辛10～15g，苍耳子8～10g，紫苏3～5g，白芷5～8g，生姜5～8g，木瓜30～50g，荔枝30～50g，枸杞10～15g，蜂蜜10～15g，清水适量。该玉兰花保健营养粉，营养全面，具有祛风胜湿的功效；生产工序简单，制作方便，成本较低，能满足工业化生产的需求，便于携带和食用，开袋冲水即可食用。

4.5.1.2 杜仲玉兰花茶饮料

杜仲玉兰花茶饮料口感好，有清香味，解渴，清澈透明，易吸引人，且营养成分丰富，还具有护肝补肾、降压降脂、增强免疫、通便利尿、安神养眠、美容养颜、改善肥胖、预防和治疗头痛、血瘀型痛经、鼻塞、急慢性鼻窦炎、过敏性鼻炎等功效。其易于储藏，便于携带，食用方便，是一种保健食用佳品。

4.5.1.3 玉兰花香味茶

玉兰花香味茶各组分配比为：玉兰花65%～80%、茶叶20%～35%、芳香剂1%～5%。所用玉兰花是其花瓣烘干后，去掉花瓣上的色素，只保留花香的干花；所用茶叶为绿茶、红茶、乌龙茶、苦丁茶或者其他成品茶；所用芳香剂是可以释放出各种香味的植物干花。将玉兰花、茶叶分别烘干切碎，经筛分和风选进行分级后，分别得到粒度范围为10～20目的细颗粒玉兰花和茶叶，按上述配比，先混合细颗粒的玉兰花和茶叶，再按上述配比加入芳香剂，熏制60～120min后，包装即为玉兰花香味茶成品。

4.5.1.4　玉兰花月饼馅

玉兰花月饼馅主料由果仁、莲子、豆类的一种或几种组成，辅料为玉兰花。其工艺简单，可以最大程度保留新鲜玉兰的活性成分，除保留玉兰花的独特香味以外，对头痛、鼻炎等症状具有明显的食疗效果。

4.5.1.5　玉兰花、丁香花饮料

玉兰花、丁香花饮料各材料质量为：玉兰花和丁香花浸提汁9～12g、蜂蜜3～6g、蔗糖3～6g、柠檬酸0.15～0.25g、甜蜜素0.02～0.04g、净化水75.71～84.83g。将原料花加工处理获得浸提汁，和其余配料混合均匀，经过过滤、灌装、杀菌等工序获得成品。该饮料具有玉兰花和丁香花特有的香气，口感酸甜，经常饮用有和气、消痰、益肺、美白养颜等功效。

4.5.1.6　椰香玉兰花养生酒

椰香玉兰花养生酒由以下质量的原料制成：椰子汁20～30g、玉兰花100～120g、黑麦70～80g、海参肽5～6g、鸡蛋7～8g、烤乳鸽肉8～11g、起酥油6～7g、血球蛋白粉3～5g、番石榴8～9g、大球盖菇5～7g、干巴菇6～7g、银鱼酱8～10g、豆粕粉4～6g、牛奶根2～3g、金花葵2～4g、甜叶菊1～2g、骨碎补72～73g、锁阳1～2g、营养添加剂6～7g。该饮料中的椰子汁、玉兰花，味道清新，具有润肤护发、排毒养颜的功能；黑麦是补钙、补血和富硒，营养丰富；海参肽有健脑益智、延缓衰老的功效；同时骨碎补等多种中草药，长期服用具有补肾强腰、活血止痛、续筋接骨的功效。

4.5.1.7　玉兰花益肺和气保健茶

玉兰花益肺和气保健茶由下述质量的原料制成：菊花60～70g、金银花30～40g、玉兰花30～40g、荷花30～40g、大豆粉6～7g、鸡爪8～10g、柠檬汁10～12g、芝麻油13～15g、桐笋干粉8～9g、老抽4～6g、飞碟瓜8～9g、荠菜汁10～12g、虾丸9～10g、鹿蹄草1～2g、五加皮1～2g、焦曲1～2g、蒲桃叶1～1.5g、茄花1～1.5g、水适量、营养助剂适量。该保健茶使用了玉兰花，含有丰富的维生素、氨基酸和多种微量元素，有祛风散寒、通气理肺之效，加入的中药具有补虚、益肾、祛风除湿、活血调经的功效。

4.5.1.8　鲜玉兰花饮料

鲜玉兰花饮料中含有粒度在5μm以下的2%～10%鲜玉兰花成分，含有2%～10%的糖分，其余为水。其外观呈均匀分散稳定的乳液状，其制备方法包括原料预处理，粉碎研磨，脱气和过滤，调配和灭菌步骤。该饮料的味道清香纯正、细滑爽口，而且营养全面，具有滋润肌肤、美容养颜和提神明目的效果。

4.5.1.9　玉兰花酒

玉兰花酒以粳米为原料，加水浸泡3～8h，然后100℃下加水蒸煮20～30min至完全熟透，后继续保温3～10min，灭菌、冷却；榨玉兰花汁，备用；粳米饭中加入酒曲和酵母装入发酵罐发酵，然后加玉兰花汁继续发酵即可。这种玉兰花酒的生产方法，由粳米、玉兰花汁、酒曲和酵母等调制而成，经过主发酵和后发酵、过滤灭菌等工艺后精制而成，可作保健用酒，其色泽金黄透亮、清甜爽口、酒味醇正、营养丰富，具有祛风散寒、宣肺通窍的功

效，可用于缓解头痛鼻塞、痛经、鼻炎等症状，且工艺简单、成本低廉，不含任何添加剂和色素，适合长期保健饮用，无任何副作用。

4.5.2 药用价值

玉兰花含有挥发油，其中主要为柠檬醛、丁香油酸等，还含有木兰花碱、生物碱、望春花素、癸酸、芦丁、油酸、维生素A等成分，具有一定的药用价值。玉兰花性味辛、温，具有祛风散寒通窍、宣肺通鼻的功效。其可用于头痛、血瘀型痛经、鼻塞、急慢性鼻窦炎、过敏性鼻炎等症。现代药理学研究表明，玉兰花对常见皮肤真菌有抑制作用。玉兰花含有丰富的维生素、氨基酸和多种微量元素，《纲目拾遗》中提到其能"消痰，益肺和气，蜜渍尤良"。

4.6 茉莉花

茉莉花（图4-6），木犀科素馨属的直立或攀缘灌木，高达3m。聚伞花序顶生，通常有花3朵，有时单花或多达5朵；花序梗长1.0～4.5cm，被短柔毛；苞片微小，锥形，长4～8mm；花梗长0.3～2.0cm；花萼无毛或疏被短柔毛，裂片线形，长5～7mm；花冠白色，花冠管长0.7～1.5cm，裂片长圆形至近圆形，宽5～9mm，先端圆或钝。果球形，直径约1cm，呈紫黑色。花期5～8月份。茉莉的花极香，为著名的花茶原料及重要的香精原料，花、叶药用治目赤肿痛，并有止咳化痰之效。

图4-6　茉莉花

4.6.1 食用价值

茉莉花冰淇淋，用30%大豆制成的冰淇淋在营养价值上几乎可与牛乳冰淇淋媲美，而添加1%枸杞和4%椰果的茉莉花冰淇淋热量低，纤维素含量高，风味独特，感官上与普通冰淇淋没有差别，且具有保健和生产成本低的优势，更适合加工全天然冰淇淋。因此，这种冰淇淋符合功能性食品发展的趋势，是一种具有茉莉花特有的芳香气味、品质优良、老少妇孺皆宜、集多功能于一体的新型保健食品。

以牛乳和茉莉花茶叶为原料，采用浸提法可以生产出一种风味独特、兼具营养保健功效的原味奶茶。牛乳中茉莉花茶叶添加量为7%，浸提温度65℃，浸提时间30min，制得的原味茉莉花奶茶口感醇厚，清香怡人。

以海带为原料、以茉莉花为调味剂研制出带茉莉花香的海带汁饮料，风味独特，营养丰富，具保健功效，饮用安全；且成本低廉，加工工艺具有操作方便、简单的特点。

茉莉花茶酸奶，牛奶中茶叶添加量为0.5%，糖7%，菌种接种量4%，发酵时间4h，茶叶先用水煮1min，再用牛奶浸煮10min，获得的茉莉花茶酸奶茶味浓且不涩，与牛奶有较好的相溶性，与普通酸奶相比，有一种愉快的味道。

4.6.2 药用价值

茉莉花辛、甘，温，理气，开郁，辟秽，和中。用于下痢腹痛、目赤红肿、疮毒。茉莉花茶适量、花椒3g，沸水冲泡，含漱口腔咽喉，可治口臭。

取一大撮茉莉花茶，用开水沏开后将水倒掉，口嚼茶叶，茶末吐掉或咽下均可，治咽喉炎不久可见效。

茉莉花6g、石菖蒲6g、青茶10g，一并研成细末，开水冲泡，每天一剂，随意饮用，可治慢性胃炎。

妇女产前一个月用茉莉花泡开水当茶喝，可消除临产的痛感。茉莉花干品5g，加水400mL，煎沸3min后加入绿茶1g，分三次服，每天一剂，可抑菌消炎，适用于带下秽浊等症。

茉莉花茶加蜂蜜适量，开水泡服，每天3～4次，可治湿热泻痢。

一级茉莉花茶1～2g，嚼成枷状，敷在鸡眼上，用胶布贴严，5天换一次，3～5次为一疗程，疗至鸡眼脱落为止。

将泡饮后的茶渣晒干，加少量茉莉花干，拌匀后装入枕头作药枕，可降火、降压、清热、明目，适用于头目眩晕、神经衰弱等症。

4.7 栀子

栀子，龙胆目茜草科常绿灌木，枝叶繁茂，叶色四季常绿，花芳香，花气味芳香，通常单朵生于枝顶，为重要的庭院观赏植物（图4-7）。除观赏外，其花、果实、叶和根可入药，有泻火除烦、清热利尿、凉血解毒之功效。喜温湿，向阳，较耐寒，耐半阴，怕积水，要求疏松、肥沃和酸性的沙壤土，易发生叶子发黄的黄化病，原产于中国。

图4-7　栀子花

4.7.1　食用价值

栀子花可凉拌、油炸、炒菜、做汤、腌制蜜饯，或烘干做花茶冲饮，食用价值高。

4.7.1.1　凉拌栀子花

栀子花500g，葱花、姜丝各适量。将栀子花去杂洗净放入沸水中煮沸，捞出沥水晾凉，用筷子抓松，置于洁白的瓷盘中撒上葱花、姜丝，浇入香油、老醋，酌放食盐、味精搅拌均匀即可。此菜清香鲜嫩，具有清热凉血解毒止痢的功效，适用于肺热咳嗽痈肿、肠风下血等病症。

4.7.1.2　油炸栀子花

用面粉、蛋液、清水调制成面糊，以不能露出花瓣为宜。放进油锅中热炸至金黄色即可。

4.7.1.3　栀子蛋花

栀子花200g，鸡蛋3枚，葱花、姜丝各适量。栀子花去杂洗净放入沸水中，稍焯，切成碎末，鸡蛋磕入碗中打匀，将栀子花放入鸡蛋中搅拌均匀，锅中加油烧至八成热，倒入栀子花蛋炸熟撒上葱花、姜丝和食盐、味精炒匀即可。此菜清香脆嫩，具有清热养胃、宽肠利气的功效。

4.7.1.4　栀子花炒小竹笋

栀子花200g，去壳小竹笋150g，腊肉100g，葱花、姜丝各适量。栀子花去杂洗净，稍焯，小竹笋斜切成薄片，腊肉切成小丁；锅中加油烧至六成热，将栀子花、小竹笋、腊肉一同倒入锅中翻炒数遍，加葱花、姜丝再翻炒至熟，酌加味精、食盐即可。此菜清淡鲜香、脆嫩爽口，具有健脾开胃、清热利肠的功效。

4.7.1.5 栀子花炒韭菜

新鲜栀子花去掉花蕊等，只剩下花瓣。把水烧开，将栀子花放入清洗，稍稍变色即可捞出沥干。韭菜清洗干净，切成3寸❶长左右一截，将韭菜和栀子花一同翻炒至熟即可。如果吃辣椒的话可以放少许红辣椒，红、黄、绿、白相间色泽明亮。其中，韭菜补肾、栀子花利尿。

4.7.1.6 栀子花鲜汤

栀子花150g，猪瘦肉100g，榨菜丝30g，葱花、姜丝各适量。栀子花去杂质，洗净稍焯，沥干水；猪肉切丝；锅中加水煮沸后投入栀子花、猪瘦肉丝、榨菜丝，再煮至猪肉漂起，撇浮沫，加葱花、姜丝及盐、味精等调味品盛入汤碗中。此汤鲜香清爽，具有养胃补中、清热利肠的功效。

4.7.1.7 栀子花蜂蜜汤

新鲜栀子花915g，蜂蜜少许，加水煎汤服。栀子花清泻肺热，蜂蜜润肺燥，用于肺热或肺部燥热咳嗽或咯血。

4.7.1.8 腌制蜜饯

将栀子花花瓣以盐搓揉后，以冷开水洗净、沥干，以花瓣与糖1：2的比例加入糖拌匀装在密封容器内腌制3天即可食用。

4.7.1.9 花茶

将栀子花花朵烘干后冲饮。方法是将花苞或初开的花朵摘除花萼、花梗，把花冠向下摊成薄层以文火或烤箱烘干，烘干时要不时翻转以使受热均匀，烘干后放在密封的容器置于冰箱内冷藏。饮用时直接用热水冲泡可加入冰糖、蜂蜜等增加甜味。

4.7.2 药用价值

栀子性苦、寒、无毒；气微，味微酸而苦；入心、肝、肺、胃经。栀子花含黄酮类栀子素、果胶、鞣质、藏红花素等。根、叶、花皆可入药，有镇静、降压、抑菌、致泻、镇痛、抗炎、调节平滑肌、加速软组织的愈合等作用；有泻火除烦、消炎祛热、清热利尿、凉血解毒之功效。《本草纲目》称其"悦颜色，面膏用之"。《滇南本草》称其"泻肺火，止肺热咳嗽，止鼻衄血，消痰。"

栀子具有明显的胆囊收缩作用，对急性胰腺炎有显著作用，具保肝、保护肠胃、降压作用，具防治动脉粥样硬化及抗血栓作用、镇静作用、镇痛作用、解热作用、抗炎和治疗软组织损伤作用、抗微生物作用及抑制诱变作用。

4.8 南瓜花

南瓜花（图4-8）单性，雌雄同株；雄花单生，花萼筒钟形，长5～6mm，裂片条形，长10～15mm，被柔毛，上部扩大成叶状，花冠黄色，钟状，长约8cm，裂片边缘反卷，雄

---

❶ 1寸=0.033m。

蕊花丝腺体状，长 5～8mm，花室折曲；雌花单生，花柱短，柱头膨大，先端两裂，果梗粗壮，有棱槽，长 5～7cm，瓜蒂扩大成喇叭状。瓠果形状多样，外面常有纵沟。种子多数，长卵形或长圆形，灰白色。花期 6～7 月份。

图 4-8　南瓜花

南瓜花既可作为蔬菜也可以入药，具有清利湿热，消肿散瘀，抗癌防癌，治疗黄疸、痢疾、咳嗽、痈疽辅助作用及结膜炎、乳腺炎等诸多炎症辅助作用，且常作强身保健食品。其对幼儿贫血、慢性便秘、大肠疾患、高血压、头痛、中风等病症有一定的辅助疗效，又能辅助调整神经状态，辅助改善失眠；所含芦丁，还有促进血管、心脏功能，促进血凝，预防出血的辅助功能。

4.8.1　食用价值

南瓜花可以开发成多种美食，体现了其重要的食用价值。常见南瓜花美食如下。

4.8.1.1　南瓜花煎蛋

南瓜花洗净剁成细粒。鸡蛋打入碗内，搅均匀后，加精盐、胡椒粉、花粒，搅均匀；炒锅内放烹调油烧热，下花蛋糊，煎至两面金黄，铲入菜板上，改刀成菱形块后，装盘即成。

4.8.1.2　青椒炒南瓜花

青椒洗净，去籽，切成粗丝；南瓜花洗净，用刀剖开成两片；炒锅内放烹调油烧热，下生姜片、干花椒粒、精盐、青椒丝炒几下，再下南瓜花，合炒至断生后，放味精推匀，起锅即成。

4.8.1.3　生苦瓜拌南瓜花

苦瓜去籽、洗净、切成片，拌上少量精盐；南瓜花洗净，改刀成条，投入沸水锅中焯水至断生，捞起用冷开水透凉，沥干水分，与苦瓜、味精、香葱花、香油拌均匀，盛入盘内即成。

4.8.1.4　酿南瓜花

香菇洗净，去蒂、切成粒；南瓜花洗净，沥干水；将香菇粒、虾米、葱花、精盐拌匀，酿入南瓜花内，上笼蒸熟待用。炒锅内放入化鸡油、鲜汤、精盐、姜葱汁和味精，烧沸，下水豆粉勾芡后，再下蒸熟的酿南瓜花烩一分钟，起锅即成。

4.8.1.5　油煎花包

瘦猪肉、豆腐、粉丝共剁为馅；起炒锅，用色拉油烧热，用葱姜爆锅，下馅料加花椒粉、精盐、味精略炒；然后把炒好的馅料装入南瓜花中。淀粉、面粉混合，打入鸡蛋，加水合成面糊，把装好馅料的南瓜花蘸上面糊。平底锅上中火，色拉油烧热，把南瓜花逐个的夹入锅中煎，煎的过程中，用铲子稍微地按压，使之成美观的扁形。两面煎成深黄色即可出锅摆盘。

4.8.1.6　南瓜花饼

南瓜花除去花蕊洗净切成碎末。把鸡蛋打入南瓜花中，加泡开的紫菜、澄粉和生粉，全部拌匀呈糊状（不用加水的，若嫌稠，也只能加一点点水）。平底锅小火烧热，抹上一层食用油，然后像煎鸡蛋饼一样煎南瓜花饼，两面金黄时盛盘。吃的时候，在切好的南瓜饼表面涂上番茄沙司味道更好。

4.8.1.7　南瓜花紫菜汤

粉丝泡软切成寸段，排骨汤烧开，先加入紫菜、粉丝，中火煮；待紫菜、粉丝煮软，放入南瓜花再煮；汤沸后，加入调好味的瘦肉丝即可。

4.8.2　药用价值

南瓜花味甘，性凉，清湿热，消肿毒，可治黄疸、痢疾、咳嗽、痈疽肿毒。研究发现，其所含大量胡萝卜素，具有防癌之辅助功效，患肺癌、胃癌和恶性淋巴肿瘤与血中胡萝卜素的多少有密切关系。

沈阳地区一项调查表明，恶性肿瘤患者平均每百毫升血中含胡萝卜素66.2μg，而健康人为75.4μg。据新加坡营养学家多宾研究发现，食用南瓜花能有效地提高智商。事实也证明，尤其是花粉部分含量最丰富，不失为"全能蔬菜""微型营养宝库"，堪称"完美的营养食品"。

4.9　常见蔬菜、水果的营养功效

4.9.1　常见蔬菜营养功效

（1）胡萝卜

性味：性凉、味甘、辛。

功效：

① 益肝明目。胡萝卜中富含的胡萝卜素进入机体后，在肝脏及小肠黏膜内经过酶的作用，变成维生素A，有补肝明目的作用，可治疗夜盲症。

② 美容健肤。可刺激皮肤的新陈代谢，增进血液的循环，使皮肤细嫩光滑，肤色红润，对美容健肤有较佳效果。同时，胡萝卜还能改善皮肤干燥、粗糙，或患毛发苔藓、黑头粉刺、角化型湿疹者的相关症状。

③ 利膈宽肠。胡萝卜富含的植物纤维可加强肠道蠕动，从而利膈宽肠、通便防癌。

（2）白萝卜

性味：性凉、味甘、辛。

功效：治疗食积腹胀、消化不良、胃纳欠佳等肠胃疾病；治疗恶心呕吐、泛吐酸水、慢性痢疾、咳嗽咳痰；可治疗大小便不利，预防感冒，美化皮肤。捣碎食用可治疗口腔溃疡、咽喉炎、扁桃体炎、声音嘶哑、失音等口腔类疾病，还可治鼻出血、咯血；切片蜜炙口服，可治各种泌尿结石，排便不畅。经常食用可降低血压、软化血管、稳定血压、预防冠心病、动脉硬化、胆结石、坏血病。

（3）芋头

性味：性平，味甘、辛。

功效：

① 保护牙齿。芋头的氟含量较高，具有洁齿防龋的作用。

② 增强人的免疫力，防治癌瘤。芋头含有一种黏液蛋白，能提高机体的抵抗力，对人体的痈肿毒痛，可用来防治肿瘤及淋巴结核等病症。

③ 美容养颜，防治胃酸过多。芋头能中和体内积存的酸性物质，调整人体的酸碱平衡，

有美容养颜、乌黑头发的作用，还可用来防治胃酸过多症。

④ 增进食欲，补中益气。芋头中的黏液皂素及多种微量元素，可帮助机体纠正微量元素缺乏导致的生理异常，同时能增进食欲，帮助消化。特别适合身体虚弱者食用。

（4）菜花

性味：性平，味甘、辛。

功效：

① 强肾壮骨、补脑填髓。

② 健脾养胃、清肺润喉。

③ 可清除体内郁积的毒素与废物，使皮肤自然净白。

（5）番茄

性味：性凉，味甘、酸。

功效：

① 清热生津，健胃消食，润肠通便。西红柿中富含的柠檬酸、苹果酸和糖类等物质，有促进消化的作用，番茄素则对多种细菌有抑制作用，同时也具有帮助消化的功能。所含果酸及纤维素，则有助消化、润肠通便的作用，可防治便秘。

② 防治心血管疾病。西红柿纤维可以使血液中胆固醇含量减少，起到防治动脉硬化的作用。

③ 美容护肤，抗癌，防衰老。西红柿内的谷胱甘肽能使癌症发病率明显下降。

④ 抗疲劳，护肝。西红柿中所含的维生素B_1有利于大脑发育，缓解脑细胞疲劳。

（6）大白菜

性味：性平，味甘。

功效：解酒；通便利尿，预防痔疮；消食健胃；预防胃溃疡；预防乳腺癌；预防心血管疾病；预防过氧化脂质引起的皮肤色素沉着，抗皮肤衰老，减缓老年斑的出现。

（7）韭菜

性味：性温，味甘、辛。

功效：

① 益肝健胃。韭菜中含有挥发性精油及硫化物等特殊成分，有助于疏调肝气，增进食欲，增强消化功能。

② 止汗固涩。韭菜叶微酸，具有酸敛固涩作用，可用于治疗阳虚易汗、遗精等病症。

③ 润肠通便。韭菜含有大量的维生素和粗纤维，能增进胃肠蠕动，治疗便必，预防肠癌。

④ 补肾温阳。韭菜能补肾起阳，可治疗阳痿、遗精、早泄等病症。

（8）芹菜

性味：性平，味甘、辛。

功效：

① 平肝降压。芹菜含酸性的降压成分，对于原发性、妊娠性及更年期高血压均有效。

② 镇静安神。芹菜籽中的一种碱性成分以及芹菜苷和芹菜素，均有利于安定情绪，消除烦躁。

③ 利尿消肿。芹菜含有利尿有效成分，消除体内水钠潴留，利尿消肿，可治疗乳糜尿。

④ 清热解毒，去病强身。肝火过旺，经常失眠头疼的人可适当多吃些。

（9）香菜

性味：性温，味辛、甘。

功效：解表透疹；消食开胃；止痛解毒；降糖降压；健脑。

（10）芥菜

性味：性微温，味辛、苦、甘。

功效：温中散寒，宣肺豁痰、除邪解毒、明目利窍。

（11）菠菜

性味：性凉、滑，味甘。

功效：通肠导便，防治痔疮；促进生长发育，增强抗病能力；保障营养，增进健康；促进人体新陈代谢；清洁皮肤，抗衰老。

（12）金针菜

性味：性凉，味甘。

功效：清热凉血、利尿消肿、止血、消炎、利湿、消食、明目、安神。

（13）马齿苋

性味：性寒，味甘、酸。

功效：清热解毒、散血消肿、杀虫杀菌、利水通淋、凉血止血及除尘。

（14）莴笋

性味：性寒，味苦、甘。

功效：

① 开通疏利，消积下气。莴笋之所以能增进食欲，是因为其微苦的味道能刺激消化酶的分泌。其乳状浆液，则可增强胃液、消化腺的分泌和胆汁的分泌，从而增强各消化器官的功能。

② 宽肠通便。莴笋中的纤维素能通利大便，治疗便秘。

（15）竹笋

性味：性寒，味甘。

功效：开胃健脾、宽胸利膈、通常排便。竹笋中丰富的植物纤维可以增加肠道内水分的储留量，促进胃肠蠕动，减轻肠内压力，有利于粪便的排出，可以治疗便秘，预防肠癌。

（16）藕

性味：性凉（熟食则性温），味甘。

功效：

①清热凉血。莲藕性寒，是清热凉血的佳品，对治疗热性病症有很好的疗效。

②通便止泻、健脾开胃。莲藕中的黏液蛋白和膳食纤维能与人体内的胆酸盐和食物中的胆固醇、甘油三酯结合，将其从粪便中排出，从而减少脂类的吸收。莲藕还含有鞣质，能在一定程度上健脾止泻，能增进食欲，促进消化，开胃健中，是胃纳不佳、食欲缺乏者的首选蔬菜。

③益血生肌。藕含有丰富的铁、钙等微量元素以及植物蛋白质、维生素、淀粉，能够明显补益气血、增强人体免疫力。

（17）茄子

性味：微寒，味甘。

功效：

①清热凉血，消肿解毒。对于容易长痱子、生疮疖的人，尤为适宜。

②保护心血管、防治高血压、抗坏血病。

③抗衰老，茄子中的维生素 E 有防止出血和抗衰老的功能。

（18）冬瓜

性味：性平，味甘、淡。

功效：

① 清热解毒、利水消痰、除烦止渴、祛湿解暑，可治疗心胸烦热、小便不利、肺痈咳喘、肝硬化腹水、高血压等症。

② 减肥。冬瓜中所含的丙醇二酸，能有效地抑制糖类转化为脂肪，而且冬瓜本身不含脂肪，热量不高，能防止人体发胖，还有助于体形健美。

（19）苦瓜

性味：青苦瓜性寒，味苦；老苦瓜性平，味甘。

功效：

① 促进饮食，消炎退热。苦瓜中的苦瓜苷和苦味素能增进食欲，健脾开胃；而所含的生物碱类物质奎宁，则有利尿活血、消炎退热、清心明目的功效。

② 降低血糖。苦瓜的新鲜汁液含有苦瓜苷和类似胰岛素的物质，具有良好的降血糖作用。

③ 减肥效果。苦瓜中含有减肥特效成分——高能清脂素（苦瓜苷为其主要成分）。因此，生吃苦瓜，具有较好的减肥效果。

（20）黄瓜

性味：性寒，味甘。

功效：

① 延年益寿，美容美肤。黄瓜中丰富的维生素E可起到延年益寿、抗衰老的作用；黄瓜酶则能有效地促进机体的新陈代谢。另外，经常食用或者用黄瓜捣汁涂搽皮肤以及切片贴在皮肤上，有润肤、舒展皱纹的功效，并可防治唇炎口角炎。

② 降血糖。黄瓜中所含的葡萄糖苷、果糖等不参与通常的糖代谢，故糖尿病人以黄瓜代替淀粉类食物充饥，能降低血糖的含量。

③ 减肥强体。黄瓜中含有一种叫做丙醇二酸的物质，它可以抑制糖类物质转变为脂肪。此外，黄瓜中的纤维素还能在一定程度上促进人体肠道内腐败物质的排除和降低胆固醇，能强身健体。

（21）南瓜

性味：性温，味甘。

功效：南瓜瓤做外用药有清热、利温解毒、拔除异物的作用，适用于烧伤、烫伤和弹片、异物入肉。将其磨碎，涂敷在患处还可治疗筋膜炎、肋间神经痛。南瓜花清热、消肿止血，可以解热，可治下痢、黄疸，还有祛痰作用。

（22）丝瓜

性味：性凉，味甘。

功效：

① 抗坏血病。丝瓜中维生素C含量较高，可用于抗坏血病及预防各种维生素C缺乏症。

② 健脑美容。丝瓜中维生素B_1等含量很高，有利于小儿大脑发育及中老年人保持大脑健康；而其藤茎的汁液则具有保持皮肤弹性的特殊功能，能美容去皱。

③ 清热化痰，凉血解毒，解暑除烦，通经活络。

（23）黄豆

性味：性平，味甘，无毒。

功效：改善脂肪代谢；改善便秘，有利于血压和胆固醇的降低；缓解疲乏无力和食欲下降等症。为儿童身体成长提供铁元素；改善妇女更年期的不适，防治骨质疏松；养颜润肤，有助于保持身材。

（24）黑豆

性味：性平，味甘。

功效：健脾补肾、祛湿利水、活血通络、清热解毒及解痉、解药毒。

（25）绿豆

性味：性凉，味甘。

功效：清热解毒、止渴消暑、利尿润肤，解各种食物、药物之毒。

（26）扁豆

性味：性微温，味甘。

功效：降血糖，扁豆中所含的淀粉酶抑制物在体内有降低血糖的作用；增强细胞免疫功能，扁豆中的多种微量元素，能提高造血功能，对白细胞减少症有效。

（27）豌豆

性味：性平，味甘。

功效：

① 补肾健脾、除烦止渴。

② 抗菌消炎，能增强新陈代谢。

③ 防止便秘、顺通肠道、排毒养颜。

（28）四季豆

性味：性平、味甘。

功效：提高机体抗病和再生能力。四季豆含有的皂苷、尿毒酶和多种球蛋白等成分，能提高人体自身的免疫能力，增强抗病能力，对肿瘤细胞的发展起到抑制作用，四季豆还可对肝昏迷患者有很好的效果。此外，四季豆还可刺激骨髓的造血功能，增强患者的抗感染能力，诱导成骨细胞的增殖，促进骨折愈合。

4.9.2 常见水果营养功效

（1）梨

性味：性凉，味甘、酸。

功效：减轻疲劳；降血压；祛痰止咳，对咽喉有养护作用；增进食欲，对肝脏有保护作用；清热镇静，改善头晕目眩等症；有助于消化，通利大便。

（2）橘

性味：微温，味甘、酸。

功效：具有美容作用；消除疲劳；促进通便。

（3）芦柑

性味：性凉，味甘、酸。

功效：生津止渴、和胃润燥、利尿醒酒；增进人体健康；减少血液中的胆固醇；分解脂肪；排泄体内有害重金属和放射性元素。

（4）桃

性味：性微温，味甘、酸。

功效：益气补血，养阴生津；含钾多，含钠少，适合水肿病人食用；桃仁能活血化瘀，润肠通便；止咳；降血压，可辅助治疗高血压病。

（5）苹果

性味：性平，味甘、酸。

功效：保持血糖的稳定，降低胆固醇；改善呼吸系统和肺功能；调整不良情绪，提神醒脑；促进肠胃蠕动，协助人体内废物的排出；使肌肤细腻、红润；减轻孕期反应。

（6）柿子

性味：性寒，味甘、涩。

功效：润肺生津；治疗缺碘引起的地方性甲状腺肿大；有助于肠胃消化，增进食欲；涩肠止血；帮助酒精排泄，减少酒精对人体的伤害；降血压，改善心血管功能。

（7）椰子

性味：性平，味甘。

功效：补充营养成分，提高机体抗病能力；利尿消肿；杀虫消疳；驻颜美容。

（8）柚子

性味：性寒，味甘、酸。

功效：预防高血压、心脑血管病及肾脏病；降低胆固醇，降血糖；强化毛孔功能，加速复原受伤的皮肤组织；增强体质；预防贫血症状的发生和促进胎儿发育。

（9）荔枝

性味：性温，味甘、酸。

功效：补充能量，增加营养；有效改善失眠、健忘、神疲等症；增强机体免疫功能，提高抗病能力；降血糖；有消肿解毒、止血止痛之功效；防止雀斑的发生，令肌肤更加光滑。

（10）香蕉

性味：性寒，味甘。

功效：补充营养及能量；清肠热、润肠通便；治疗热病烦渴等症；缓和胃酸刺激，保护胃黏膜；抑制血压升高；消炎解毒；防癌抗癌。

（11）石榴

性味：性温，味甘、涩。

功效：光谱杀菌；石榴皮可抑制流感病毒；石榴皮和石榴树根可驱虫杀虫；石榴花可止血明目。

（12）樱桃

性味：性温，味甘，微酸。

功效：促进血红蛋白再生，防治缺铁性贫血；增强体质，健脑益智；有调中益气、健脾和胃、祛风湿的作用；对食欲缺乏、消化不良、风湿身痛等均有益处；养颜驻容，去皱消斑。

（13）葡萄

性味：性平，味甘、酸。

功效：有效降解低血糖症状；降低人体血清胆固醇，预防心脑血管病；清除体内自由基，抗衰老。

（14）芒果

性味：性凉，味甘、酸。

功效：祛痰止咳；降低胆固醇、甘油三酯，有利于防治心血管疾病；明目。

（15）番木瓜

性味：性平，微寒，味甘。

功效：健脾消食；杀虫、抗结核；补充人体的营养成分，增强抗病能力。

（16）杨桃

性味：性平，味甘、酸、涩。

功效：补充机体营养，增强抗病能力；迅速补充水分，排除体内郁热或酒毒；促进食物消化；消除咽喉炎症及口腔溃疡，防治风火牙痛。

（17）西瓜

性味：性寒，味甘。

功效：清热解暑，除烦止渴；利尿、消除肾脏炎症；降血压；使大便通畅；对治疗黄疸有一定作用；增加皮肤弹性，减少皱纹，增添光泽。

（18）无花果

性味：性平，味甘。

功效：健脾止泻、清肠除热、理气消食、止咳祛痰、益肺通乳、消肿解毒。

药效：①帮助人体消化，促进食欲，有润肠通便的效果；②抗炎、利咽、消肿；③增强机体抗病能力。

（19）哈密瓜

性味：性寒，味甘。

功效：具有清热解毒、除烦止渴、通利小便等功效，对人体的造血机能也有显著的促进作用。

表4-1为常见园艺植物的药用及保健功能简介。

表4-1　常见园艺植物的药用及保健功能

种类	药性	保健功能	药用功能
梅花	花性平味酸、涩、无毒	舒肝解郁、和胃健脾、行气化痰、明目除烦	治疗肝胃不和之脘腹胀痛、头目昏痛，月经不调和食欲缺乏等病症
牡丹花	花味苦、性平	活血调经	主治月经不调、经行腹痛等症，治疗血滞经闭、痛经、症瘕、痈肿疮毒及内痈等病症
菊花	花味甘、苦、性平、无毒	能疏风清热、解毒明目	治疗头痛、眩晕、目赤、视物昏蒙、心胸烦热、疔疮和肿毒诸病症
兰花	花性平、味辛、无毒	理气宽中、养阴清热、化痰止咳、凉血利尿、明目美容和利关节	治疗胸闷不舒、咳嗽咯血、肺痈、赤白带下、跌打损伤和痈肿等病症
月季花	花性温、味甘、无毒	活血调经、祛瘀止痛和消肿解毒	治疗瘀血肿痛、月经不调、跌打损伤和痈疽肿毒等病症
杜鹃花	花味辛酸、性温、无毒	有镇咳化痰、清热解毒和活血止血	治疗气管炎、月经不调、闭经、崩漏、跌打损伤、风湿痛、吐血等病症
山茶花	花味甘、苦、性凉	具有凉血止血、散瘀消肿等功能	治疗吐血、咯血、血崩、痔疮出血、血淋、创伤出血、跌打损伤和烫伤等
荷花	花味甘、性平、无毒	具有活血止血、去湿消风、清心凉血、养心益肾、补脾涩肠、生津止渴、和血安胎和消瘀止痛	治疗咯血、吐血、尿血、便血、血痢、血崩、夜寐多梦、遗精腰痛、月经过多、痔疮、脱肛、皮肤湿疹和目赤肿痛等病症
桂花	花味甘、性温、无毒	暖胃平肝、祛瘀散寒、健脾益肾和活络化痰等	治疗咳喘有痰、血痢、牙痛和口臭等病症。经过蒸馏而成的桂花露，有疏肝理气、醒脾开胃的作用
水仙花	花味淡、性凉、有小毒	提神醒脑、清心悦目、祛风除热、活血调经和解毒消肿等	治疗急性乳腺炎、宫颈炎、月经不调、视物昏花和头昏健忘等病症

种类	药性	保健功能	药用功能
蜡梅花	花味甘、微苦、无毒	解暑生津、开胃解郁、行气止咳和解毒生肌	治疗心烦口渴、气郁胃闷、咳嗽和咽喉肿痛等病症
扶桑花	花味甘、性平、无毒	清肺、化痰、凉血和解毒	治疗痰火咳嗽、痢疾、腮腺炎、乳腺炎、急性结膜炎、尿路感染、痈疖肿毒和月经不调等病症
紫薇花	花味微苦、性平	活血止血、解毒、消肿和利尿	治疗后出血、咯血、便血等、白带过多、湿疹、体癣、骨折、乳腺炎、肝炎和肝硬化腹水等病症
百合花	花味甘、微苦、性微寒	驻颜美容、润肺平喘和清火安神	治疗面色无华、皮肤粗糙、咳嗽、眩晕、夜寝不安等病症
玉兰花	花味辛、气温、无毒	散风祛寒、宣肺通鼻	治疗外感风寒、头痛鼻塞以及急性鼻窦炎、过敏性鼻炎等病症
海棠花	花味酸、性寒、无毒	散瘀清热、凉血止血和调经止痛	治疗吐血、胃溃疡、痢疾、崩漏、白带过多、月经不调、跌打损伤和淋浊等病症
瑞香花	花味辛甘、性温、无毒	除风祛湿、活血止痛等	治疗咽喉肿痛、牙齿疼痛和风湿痹痛等病症
芍药花	赤芍、味苦、性寒	清热凉血、祛瘀止痛等	治疗血滞经闭、痛经及跌打损伤瘀血肿痛以及痈肿、目赤肿痛等病症
	白芍、味苦、性微寒	养血敛阴、柔肝止痛和平抑肝阳等	治疗月经不调、经行腹痛、崩漏、自汗、盗汗和头痛、眩晕等病症
丁香花	花味辛、性温	温中降逆、温肾助阳	治疗胃寒呕吐、呃逆以及食少、腹泻和阳痿等病症
无花果	味甘、性平	健胃清肠、消肿解毒	治疗肠炎、痢疾、便秘、痔疮、肿毒和痈疮疥癣等病症
茉莉花	花味甘辛、无毒	清热解毒、疏风解表、理气、中和平肝止痛	治疗肝气郁结引起的胸肋疼痛、感冒发热、目赤肿痛和热痈疮肿等病症
白兰花	花味苦辛、性微湿	芳香化湿、利尿化浊、止咳平喘	治疗慢性支气管炎、前列腺炎和妇女白带过多等病症
桃花	花味苦、性平、无毒	利尿、通便、活血、消积和镇咳	治疗腹水、水肿、脚气、闭经和便秘等病症
樱桃花	花味甘、性温、无毒	祛痰平喘、清热、利湿和解表	清热透疹、调中益气、驻颜美容和祛风胜湿等功效
蔷薇花	花味甘、性凉	清热止渴、解暑化湿、顺气和胃和凉血止血	治疗暑热胸闷、呕吐、不思饮食、吐血、刀伤出血、口渴、泻痢和疟疾等病症
玫瑰花	花味甘、微苦、性温	疏肝解郁、理气调中、醒脾辟秽和活血散瘀止痛	治疗肝胃不和之腹痛、月经不调、赤白带下、痢疾和肿毒等病症
合欢花	花味甘、性平、无毒	养血、舒郁、理气、安神和活络	治疗郁结胸闷、失眠多梦、风火眼疾、咽痛、痈肿及跌打损伤疼痛等病症
紫荆花	花味苦、性平、无毒	活血化瘀、通经、消肿和解毒	治疗中暑腹痛、风寒湿痹、妇女经闭、喉痹、淋病、跌打损伤、痈疽疮肿、疥癣和蛇虫咬伤等病症

种类	药性	保健功能	药用功能
代代花	味甘、苦、性平	疏肝理气、和胃降逆止呃	治疗胸闷、脘腹胀满和呕吐少食等病症
佛手花	花味辛、苦、酸、性温	理气止痛、消食化痰和降肺气	治疗肝胃不和引起的胃脘疼痛、胸闷脘胀及肺气上逆导致的咳喘等病症
凤仙花	花味甘、性温	祛风、活血和消肿止痛	治疗风湿痹痛、腰胁疼痛、跌打损伤、妇女经闭腹痛、产后瘀血未尽、痈疽疔疮、鹅掌风和灰指甲等病症
芙蓉花	花味微辛、性平	清热解毒、消肿止痛、凉血止血和通经活络等	治疗痈肿疔疮、烫伤、咳嗽、吐血、白带和崩漏等病症
木棉花	花味甘、性凉	清热利湿、解毒止血	治疗泄泻、痢疾、血崩和出血等病症
迎春花	花味苦、性平、无毒	清热解毒、利尿消肿	治疗发热头痛、小便热痛等病症
夜来香	花味淡、性凉、无毒	清热消肿、平肝明目、驻颜美容和生肌润肤	治疗急、慢性结膜炎、角膜炎、疮疖痈肿和下肢溃疡等病症
栀子花	花味苦、性寒、无毒	清热泻火、解毒消炎和凉血清肺	治疗肺热咳嗽、鼻中出血、尿淋血淋、胃脘疼痛、跌打损伤、湿热黄疸、疮疡肿痛、水火烫伤和赤白痢疾等病症
金银花	花味甘、性寒	清热解毒	治疗外感发热咳嗽、肠炎、菌痢、麻疹、腮腺炎、败血症、疮疖肿毒、阑尾炎、外伤感染和小儿痱毒等病症
向日葵花	花味甘、性温、无毒	祛风、明目	可用于头昏、面肿和牙齿痛等病症
芦荟	味苦、性寒、无毒	清热明目、杀菌	治疗热风烦闷、胸膈间热气、视物昏花、小儿癫痫、惊风、痔瘘和蛔虫症等病症
玉簪花	花味甘辛、微寒、有小毒	清热解毒、利尿消肿	可用于咽喉肿痛、小便不通、疮毒和烧伤等病症
南瓜花	花味甘、性凉、无毒	清湿热、消肿毒、有治夜盲和止咳嗽等功能	治疗黄疸、痢疾、咳嗽和痈疽肿毒等病症

思考题

1. 园艺植物中的可食性花卉主要有哪些？各自有什么主要的功效和活性成分？

2. 可食性花卉的食用大多来自于传统经验，在加工成产品销售时，需要现代检验、认证及常规的方法有哪些？

第5章
园艺植物传统美食

5.1 园艺植物之花菜类美食

中华大地生长着极其丰富的珍奇花卉，品种繁多。千姿百态的奇花异卉在一年四季中竞相绽放，既为生活带来惊喜乐趣，也给人们带来欢欣愉悦。色彩绚丽、妩媚妖娆的园艺植物既是名花，也是良药，更是美食，很多花卉色彩艳丽，清香袭人，营养丰富，可制作众多美味佳肴，具有较高的食疗价值，是备受当今消费者青睐的新潮食品。

5.1.1 菊花

5.1.1.1 菊花鲈鱼羹

（1）原料

鲈鱼半条，黄菊花1朵，冬笋1支，草菇10个，北豆腐1盒，姜片2片，小葱1根，高汤1大碗。盐半匙，胡椒粉少许，料酒适量，水淀粉3大匙。

（2）做法

鲈鱼切片洗净，加姜、葱、酒、盐、水淀粉、胡椒粉进行腌渍，水滑熟后捞出备用；豆腐切小丁；冬笋切片焯水；草菇片薄片，并以热水汆烫备用。所有材料（菊花除外）加盐、胡椒粉煮沸后，加入水淀粉煮至浓稠成羹，盛于汤碗。将已剪掉根部的黄菊花瓣置于面上，趁热食用时拌匀即可（图5-1）。

图5-1 菊花鲈鱼羹

5.1.1.2 百合菊花粥

（1）原料

百合、菊花与大米若干。

（2）做法

水开后，倒入洗好的米，让米迅速膨胀出浆，当粥煮到较稠时，将泡过菊花的水过滤杂质，倒入粥里一同煮，让每一粒米都渗入菊花的味道，接着再倒入百合和菊花，加几粒冰糖，煮上几分钟就可关火（图5-2）。

图5-2 百合菊花粥

5.1.1.3　枸杞子菊花糕

（1）原料

杭白菊15朵，枸杞10余粒，清水1500g，马蹄粉250g（马蹄又叫荸荠），白砂糖10匙。

（2）做法

将750g清水与马蹄粉混合搅拌至无颗粒的马蹄粉液；取清水750g与菊花、枸杞一起中火煮10min，放糖，再煮沸后熄火。捞出菊花，摘下花瓣放回糖水里面；从已调好的马蹄粉液里取250g，倒进菊花枸杞子糖水中，立即搅拌均匀；把余下的马蹄粉液全部倒进糖水中，继续按顺时针方向搅拌至黏稠糊状。将蒸盘四周抹少量食用油，把调好的糊倒进蒸盘，抹平；待水烧开后，隔水大火蒸10min，转中火蒸10min。看到糕体变半透明状后，把筷子插进糕体，如抽出来时不沾糕体，即为熟；整盘取出后放阴凉地方待凉，糕体凉后变结实后便可切块享用（图5-3）。

图5-3　枸杞子菊花糕

图5-4　菊花糕

图5-5　菊花薄荷茶

5.1.1.4　菊花糕

（1）原料

菊花（杭菊）10g，枸杞10g，白凉粉（或燕菜）50g，蜜糖100g，凉白开500g。

（2）做法

500g的凉白开水，平均分成两份，一份用来煮菊花和枸杞，一份用来泡白凉粉。菊花和枸杞水煮的颜色变为金黄色，把泡好的白凉粉放入搅拌继续煮；等白凉粉全部融化，加入另外250g的凉白开，加入蜜糖，凉后放进冰箱，成形，倒模（图5-4）。

5.1.1.5　菊花薄荷茶

（1）原料

菊花、金银花、枸杞、薄荷叶若干。

（2）做法

将菊花、金银花和枸杞放入杯中，倒入少许开水，摇晃一下；将水倒出，目的是洗去花表面的微尘；加入2片洗净的薄荷叶到杯中，再倒入足够量的开水，浸泡3min左右，即可饮用（图5-5）。

5.1.1.6　菊花虾仁

（1）原料

虾仁400g，鲜菊花15g，青豆10g，鸡蛋清30g，大葱3g，姜2g，大蒜2g，盐5g，黄酒15g，淀粉（玉米）15g，香油5g，猪油75g，精盐。

（2）做法

将葱、姜、蒜切细末，淀粉放碗内加水调成湿淀粉；将虾仁放入碗中，加鸡蛋清、黄酒、精盐、湿淀粉拌匀上浆；碗内放清汤、菊花瓣、黄酒、精盐、湿淀粉兑成芡汁备用；炒锅内放入熟油，中火烧至四五成热，投入虾仁过油捞出；锅内留油，放葱、姜、蒜末炸出香味，加入青豆、虾仁，倒入芡汁，快速翻炒，淋香油出锅即成（图5-6）。

图5-6 菊花虾仁

5.1.1.7 野菊花炖乳鸽

（1）原料

乳鸽2只，干野菊花、姜、葱、绍酒、精盐、味精、鸡精各适量。

（2）做法

将乳鸽宰杀，去皮毛、内脏，洗净；鸽子焯水，装入砂锅中，放水、葱、姜、绍酒；大火烧沸，小火炖1h左右，至鸽子酥烂；放入野菊花再炖10min，用精盐、味精、鸡精调味即可。

5.1.2 玫瑰

5.1.2.1 玫瑰红酒梨

（1）原料

雪花梨1个，干玫瑰20个左右，桂圆干10余粒，红酒300～400mL，盐、红糖少许，意大利黑醋、柠檬汁几滴。

（2）做法

梨洗净，去皮，切成月牙状。将玫瑰花用筛网冲洗干净。桂圆干去壳，洗净。将玫瑰花和桂圆干放入砂锅中，加入红酒和梨块；加入少许盐，浸泡20～30min；大火煮开后，转小火继续煮20min；打开锅盖，根据个人口味，加入适量红糖，调节酸甜度；盖上锅盖，关火，焖至完全凉透，捞出梨块，整齐摆放在容器中；将汤汁过滤后倒入该容器中，冷却后，放入冰箱冷藏几个小时或过夜。第二天取出容器，捞出梨块，沥干汁水后，摆放在盘子中；将汤汁倒入锅中，加入几滴柠檬汁，大火煮；煮开后，加入意大利黑醋；继续大火加热，不停搅拌，防止糊锅；直至锅里汤汁的水分蒸发，将汤汁淋在梨块上，撒上玫瑰花碎后，即可食用（图5-7）。

图5-7 玫瑰红酒梨

5.1.2.2 蜜汁玫瑰山药

（1）原料

山药200g，鲜玫瑰花1朵，白糖1大匙，蜂蜜3大匙，玫瑰酱20g。

（2）做法

玫瑰花剥下花瓣，清洗后放入淡盐水中浸泡2h；山药去皮，用清水洗净后切成长条；锅中注入清水，大火烧开，放入山药，汆一下捞出，在盘里码放整齐；锅里放水约100mL，放入白糖和玫瑰酱煮至玫瑰酱化开，黏稠后放入蜂蜜，将汁熬浓，浇在山药上；将玫瑰花瓣围放在山药周围，装饰好即可（图5-8）。

图5-8 蜜汁玫瑰山药

5.1.2.3　玫瑰司康

（1）原料

干玫瑰10g，牛奶125g，低筋面粉250g，酵母6g，黄油70g，砂糖60g，蛋黄少许。

（2）做法

酵母溶于温牛奶中，静置5min备用。黄油切成小块，低筋面粉过筛倒入盆中，加入黄油、砂糖；将黄油在面粉中，用手搓匀，搓成细屑，将干玫瑰花加入面粉中，处理成细碎，与面粉混合待用。面粉盆中分次加入酵母水和匀，轻轻揉至得到表面光泽的面团；用擀面杖擀成厚一点的面片，厚度约为1.5～2cm，切成三角状，也可用小型饼干模切割；烤盘垫好锡纸，把切好的排入烤盘，刷上蛋黄液，烤箱预热180℃，中层烘烤，15min即可。

图5-9　玫瑰沁香木耳

5.1.2.4　玫瑰沁香木耳

（1）原料

玫瑰花瓣、芹菜、黑木耳、白醋、盐、鸡精、香油。

（2）做法

玫瑰花瓣用淡盐水泡10min并洗净，黑木耳泡发洗净撕成小瓣，芹菜洗净切段；锅内放水，加少许盐和植物油，水开后放黑木耳和芹菜焯一下，捞出马上浸入冷水中；将黑木耳和芹菜沥干水分，放在一个大碗中，放入玫瑰花瓣，加适量盐、鸡精、白醋、香油搅拌均匀即可（图5-9）。

5.1.2.5　玫瑰饭团

（1）原料

糯米、大米、玫瑰花瓣、红豆沙、糖桂花。

（2）做法

糯米洗净，加少量大米煮成糯米饭备用；玫瑰花瓣洗净后充分控干水分，剪成细丝备用；红豆沙加适量糖桂花调成桂花豆沙馅，分成若干小份，揉成球状备用；双手沾冷水，将糯米饭揉成小球，压扁呈饺子皮状，包上馅料做成饭团，裹上剪好的玫瑰丝（图5-10）。

图5-10　玫瑰饭团

5.1.2.6　玫瑰金沙虾仁

（1）原料

大虾6只，玫瑰花2朵，面包屑少许，盐2g，料酒1小匙，生抽1小匙，食用油20g。

（2）做法

大虾去虾头、虾壳，在虾背上横切一刀以挑去虾线，用流动的水冲洗干净；处理好的大虾加入配料与切碎的玫瑰花瓣一起腌制10min，拿起来放入面包屑中，均匀蘸上面包屑；锅里倒入食用油，烧至五成热时，将虾仁放入油中炸透后放在厨房纸上吸掉多余的油分，然后摆盘，上面撒上玫瑰花瓣丝（图5-11）。

图5-11　玫瑰金沙虾仁

5.1.2.7　玫瑰百合汤

（1）原料

百合180g，莲子36颗，红枣5颗，玫瑰花12朵，蜂蜜30mL，枸杞10g，水250mL。

（2）做法

红枣用吸管去掉核，然后中间横切一刀；莲子去掉内芯，浸泡于水中1h；百合切去根蒂，去掉杂质，洗净沥干水分；枸杞子清洗干净，用水泡发一会。煲锅里放入莲子和水，烧开后转小火烧煮15min，放入红枣继续烧煮5min，放入百合和枸杞子烧煮3min，放入玫瑰花后关火焖5min，盛入碗中，稍凉后倒入蜂蜜拌匀即可（图5-12）。

图5-12　玫瑰百合汤

5.1.2.8　玫瑰奶茶

（1）原料

立顿红茶包1个，干玫瑰花5朵，牛奶500mL，蜂蜜少许。

（2）做法

小锅中加半杯水，烧开后加玫瑰花用最小火煮3min。花变软，有香味后放入红茶包泡2min；加牛奶用小火煮沸关火；喝时过滤，并加少许蜂蜜搅匀即可（图5-13）。

图5-13　玫瑰奶茶

5.1.2.9　玫瑰鸡翅

（1）原料

鸡翅，干玫瑰8g，红葡萄酒15mL，冰糖180g，麦芽糖180g，盐适量，热开水120mL。

（2）做法

将干玫瑰用开水浸泡开，滤出汁；将玫瑰汁与冰糖、麦芽糖、盐、红葡萄酒混合成玫瑰蜜汁；将鸡翅洗净，滤水，放入玫瑰蜜汁中浸泡6h；烤盘铺上铝箔纸，烤箱220℃预热10min；鸡翅排放在烤盘上，进烤箱，220℃烤18min，取出后，再刷一层玫瑰蜜汁，接着烤5min即成（图5-14）。

图5-14　玫瑰鸡翅

5.1.3　桂花

5.1.3.1　茄汁桂花鱿鱼圈

（1）原料

鱿鱼500g，桂花20g，橄榄油20g，番茄沙司40g，盐2g，槐花20g，姜几片。

（2）做法

鱿鱼去掉须，冲洗干净腹腔，切圈，用热水汆烫一下备用；热锅入橄榄油、姜片，爆香，下入鱿鱼圈翻炒2min；淋入番茄沙司继续翻炒1min；调入槐花和桂花，加盐调味即可。

5.1.3.2　桂花糯米藕

（1）原料

莲藕1节，糯米1小碗，冰糖1大把，干桂花少许，蜂蜜少许。

（2）做法

图5-15　桂花糯米藕

提前1h将糯米泡软备用；将藕洗净后削去外皮，从藕的一端1cm处将藕切开，切下来的藕节不要扔掉；将泡好的糯米填入藕洞中（介绍一个比较好用的办法：取1个裱花袋，剪一个小口，将裱花嘴塞入藕洞中，将米倒入裱花袋内，用筷子或竹签将米填入藕洞内至满）。插几根牙签在藕的切口处，然后将刚才切下的藕节盖在牙签的另一端使之缝合；将封口的莲藕放入一个可容纳的大锅内，放入冰糖，倒入适量清水没过莲藕盖上锅盖，大火煮开后转中火煮约1h；将煮好的莲藕捞出切片，撒上些许干桂花后浇上蜂蜜即可（图5-15）。

5.1.3.3　桂花酒酿鸭

（1）原料

光鸭1只，葱段、姜片、甜酒酿、桂花酱、老抽，茴香两个，桂皮1片。

（2）做法

光鸭洗净，酒酿半杯放入纱布中包紧；大锅水烧开，放入光鸭焯水，捞出洗净浮沫；锅洗净擦干，放入鸭子、葱段、姜片、酒酿包、茴香、适量老抽、半碗酒酿汤汁、桂花酱两勺；加水没及鸭子半身处（1.5～2.0杯），大火煮沸后改小火焖煮1h，每20min翻身；开盖转大火收稠卤汁，同时用大勺不停舀起卤汁浇遍鸭子全身；待鸭身呈酱红色即可将鸭子捞出晾凉；原锅中卤汁继续收稠至1杯左右，关火，晾凉；撇尽油层，用细金属网罩过滤掉卤汁中的杂物；卤汁中再加入1勺甜酒酿汁、1勺桂花酱搅匀；鸭子斩块装盆，食用前浇上卤汁即可。

5.1.3.4　桂花草莓筋饼卷

（1）原料

筋饼1张，草莓300g，糖桂花15g，桂花蜜1大勺。

（2）做法

筋饼铺平，草莓切块铺在筋饼上，均匀地撒上糖桂花；沿一端，将筋饼卷成筒状；分割好，淋上桂花蜜即可（图5-16）。

5.1.3.5　桂花醋虾仁

（1）原料

虾仁、干桂花、白醋、糖、盐。

（2）做法

先将桂花、糖与白醋拌匀腌制1天成桂花醋；虾仁洗净，挑虾线，再用盐稍腌几分钟，然后上锅快火清炒，出锅前把桂花醋浇上即可（图5-17）。

图5-16　桂花草莓筋饼卷

5.1.3.6　桂花炒红果

（1）原料

山楂500g，白糖150g，水500mL，桂花1汤匙，1/4茶匙盐。

（2）做法

去掉山楂的籽和花蒂；所有山楂处理好，清洗干净；把山楂、白糖、水、盐放入锅内，大火烧开3min；把山楂捞出，放入一大碗中。锅内放入桂花，大火熬至汤汁剩余1/2时，把桂花甜汤倒入大碗中，完全浸泡山楂4h后即可（图5-18）。

5.1.3.7　桂花凉粉

（1）原料

凉粉、桂花、糖、炼奶。

（2）做法

桂花用热水和糖泡成桂花茶；桂花茶与凉粉按15∶1的比例调拌均匀为无颗粒的凉粉液，把调好的凉粉液放锅中煮沸；将煮好的凉粉液倒进模具，常温下放凉即可（图5-19）。

5.1.3.8　桂花酸梅汤

（1）原料

乌梅、乌枣、山楂、甘草、豆蔻、干桂花、糖渍桂花、冰糖。

（2）做法

将乌梅、乌枣、山楂、甘草、豆蔻、干桂花放入锅中用水浸泡15min。将锅置于火上，大火烧开后，用小火熬制半小时。将熬好的汤汁倒入事先准备好的干净容器中，在留有食材的锅内重新加入同等分量的水，重复第二步做法，并在起锅前加入糖渍桂花、冰糖。至冰糖融化时，倒入容器与第一次熬制的汤汁混合，待凉后，放入冰箱冷藏半小时即可（图5-20）。

5.1.4　槐花

5.1.4.1　槐花豆腐

（1）原料

豆腐200g，槐花100g，盐。

（2）做法

槐花洗净，加少量的盐拌匀；在豆腐表面均匀地擦上半茶匙的盐入味；把槐花搭配在豆腐的四周即可（图5-21）。

图5-17　桂花醋虾仁

图5-18　桂花炒红果

图5-19　桂花凉粉

图5-20　桂花酸梅汤

图5-21　槐花豆腐

图5-22　香煎槐花饼

图5-23　槐花包菜

图5-24　苋菜槐花棍面包

5.1.4.2　香煎槐花饼

（1）原料

槐花、面粉，鸡蛋2个，盐、五香粉和小苏打各少许。

（2）做法

嫩槐花洗净并沥干水分；槐花中添加鸡蛋、五香粉、盐和少量小苏打，视情况添加少量水，拌匀；加入适量面粉，搅拌均匀成面糊；锅内刷层薄油，将面糊摊入锅内，小火慢煎；底面煎黄后，翻面继续小火煎另一面，双面煎黄后即可（图5-22）。

5.1.4.3　槐花包菜

（1）原料

包菜、槐花、胡萝卜、鸡蛋、面粉、盐、味精、胡椒粉、油。

（2）做法

将槐花择洗干净，打入一个鸡蛋调匀，放入少许面粉、胡萝卜丝、盐、胡椒粉、味精，调匀；将包菜过热水焯一下；锅里放油，放入面糊煎制，过2min翻过来，再煎另一面，使两面呈金黄色；出锅，放到吸油纸上；将包菜铺平，放入煎好的槐花饼，将内侧和两边折叠，卷起来即可（图5-23）。

5.1.4.4　苋菜槐花棍面包

（1）原料

高粉350g，盐3g，苋菜榨出汁260g，酵母粉4g，无盐黄油20g。

（2）做法

所有材料揉成光滑可拉出薄膜的面团，发酵到2倍大；分割成两块，按扁排气，滚圆放置15min；再次排气，压扁包入槐花，整形为圆棍，进行第2次发酵；当体积变为原来的2倍大时，划刀口；预热烤箱170℃，烘焙30～35min即可（图5-24）。

5.1.4.5　蒸槐花

（1）原料

槐花150g，玉米面150g，盐1小勺，胡椒粉1小勺。

（2）做法

槐花择洗干净，沥去多余的水分；玉米面撒在槐花上，拌匀；笼屉铺上干笼布，把拌好的槐花均匀铺上；锅内烧开水，上锅蒸15min，取出，晾凉，打散；锅内烧热油下拌散的槐花，炒1min，倒入盐、胡椒粉搅匀；蒜捣碎，加醋、香油和少许盐拌匀，吃的时候浇在蒸槐花上即可（图5-25）。

5.1.4.6　槐花鸡蛋饼

（1）原料

鸡蛋3个，面粉50g，槐花、盐、油。

（2）做法

槐花去茎洗净并控干水分，放入面粉、盐、鸡蛋拌匀，静置5min；热锅放少量油，倒入槐花面糊，中小火煎至面饼起鼓，翻一面，再起鼓，出锅（图5-26）。

5.1.4.7　槐香虾仁

（1）原料

虾仁（净肉）200g，鲜槐花25g，盐2g，广东米酒1小勺，白胡椒粉一小撮，蛋清15mL，玉米淀粉1大匙，色拉油10mL，姜末半小匙，盐1g，糖半小匙，香油1/4小匙，玉米淀粉1小匙，清水40mL，青红椒碎粒少许。

（2）做法

整虾去皮，取虾仁后剔除虾线，用刀沿背部从头至尾切约3/4深刀口；用清水反复冲洗虾仁后控干水分；槐花摘取未开的花蕾部分，洗净后控干水分备用；虾仁中加入蛋清等调料搅拌均匀；最后加入淀粉搅拌均匀后腌制15min；青红椒切小方块放入清水中，浸泡去除味道后捞出，控干水分备用；碗汁调料混合均匀后备用；锅内热油，油温四至五成热后，下入虾仁滑散，滑至虾仁变色后盛出控油；锅内留底油，下入姜末，爆香后下入虾仁和槐花；倒入碗汁，快速翻炒后下入少许青红椒碎即可（图5-27）。

5.1.5　梅花

5.1.5.1　里脊黄瓜梅花盏

（1）原料

梅花、里脊、黄瓜等。

（2）做法

梅花要用盐水泡3h，里脊切片，黄瓜切片；锅内水烧开，放入里脊，小火至熟；关火放入黄瓜片（图5-28）。

5.1.5.2　梅花鲜西红柿汤

（1）原料

梅花10朵，鲜西红柿400g，番茄酱250g，面

图5-25　蒸槐花

图5-26　槐花鸡蛋饼

图5-27　槐香虾仁

图5-28　里脊黄瓜梅花盏

粉100g，鸡清汤2kg，炸面包丁150g，黄油150g，精盐适量、味精适量。

（2）做法

将梅花摘去花蕊，取下花瓣，洗净，控干，入盘；将黄油放入锅内，在微火上烧至七成热，下入面粉并搅匀，随炒随搅拌；待面粉成黄色时，下入番茄酱，炒出红油，倒入少许鸡清汤，搅拌成糊状；然后慢慢将汤全部倒入，随下随搅，搅时要用力，随之放入味精、精盐，调好口味。把西红柿洗净，用开水一烫，去掉皮、籽、蒂，切成小丁，放入汤内，微开，放入梅花瓣，见开即可。

5.1.5.3 梅花鸡块汤

（1）原料

鸡块500g，鸡清汤1.25kg，蘑菇片50g，梅花10朵，豌豆50g，精盐、胡椒粉、味精各适量。

（2）做法

将煮熟的鸡块去骨，切成5块；将鸡清汤全部放入煮锅；梅花摘去花蕊，取下花瓣，洗净并控干；煮锅中鸡清汤内放鸡块、蘑菇片、豌豆，烧开后，放入精盐、味精、胡椒粉，调好口味，撒入梅花瓣，微开即可。

5.1.5.4 梅花姜丝鸡肉

（1）原料

梅花6朵，鸡肉600g，嫩姜200g，大蒜2瓣，甜青椒4个，砂糖100g，精面粉25g，酒25g，鸡蛋1个，花生油250g，精盐适量。

（2）做法

先将梅花摘去花蕊，取下花瓣，洗净入盘待用；锅中放入盐、100g砂糖，加少许清水煮化后，即成黏汁，入瓷碗；从嫩姜的茎部切道缝，去皮洗净，切薄片，改切丝，撒少许盐，使其变软，将水分沥干，放在瓷碗里的黏汁中。鸡肉洗净，切大块，去筋膜，逐块抹上蛋清，用酒、盐、面粉、水调匀挂糊，放入炸锅中，用花生油低温炸至八成熟，捞出控油；锅内留少许油，烧五成热时，先炒切成细茸的蒜，再放入切成块状的甜青椒，煸炒均匀，撒入梅花瓣片，再把带有黏汁的姜丝和炸过的鸡块放入，稍炒后放入25g酒，烧开后再放入用水溶好的精面粉勾芡即可。

5.1.5.5 梅花羊肉生菜

（1）原料

羊肉500g，生菜600g，梅花10朵，桂树叶2片，茴香籽5g，面粉50g，精盐、胡椒粉各适量。

（2）做法

把羊肉洗净，切成每份2块；生菜择洗干净，切方块；梅花去蕊，取瓣待用；再把羊肉与生菜、梅花瓣，按一层生菜，一层梅花瓣，一层羊肉码好，每一层都撒些面粉、盐、胡椒粉、茴香籽、桂树叶和适量水，然后用大火烧开后，小火慢慢焖熟即可。

5.1.5.6 梅花牛肉扒蛋

（1）原料

牛肉200g，梅花6朵，炸土豆条75g，鸡蛋2个，葱头末15g，煮胡萝卜条30g，煮红菜头30g，牛奶50mL，生菜油200g，黄油10g，肉汁25g，精盐、胡椒粉各适量。

（2）做法

将牛肉洗净，去筋膜，用刀剁成泥茸，加入葱头末、鸡蛋液、牛奶、梅花片、胡椒粉、精盐搅拌均匀，用手挤成球，手上蘸鸡蛋液，把牛肉球压成宽12cm、厚0.5cm的圆饼。往煎盘中放入生菜油，下入肉饼，在旺火上煎上色，淋上生菜油，放入黄油稍煎，入炉烤熟；往小煎盘中放入生菜油烧热，把鸡蛋打入碗内，倒入煎盘，随煎随翻，避免蛋黄破裂；将少量肉汁倒入煎盘烧开；上菜时，将牛肉浇上原汁，放入炸鸡蛋，周围配上煮胡萝卜条、煮红菜头、炸土豆条即可。

5.1.6　栀子花

5.1.6.1　栀子花小牛肉

（1）原料

小牛肉750g，栀子花4朵，干葱2根，黄油75g，白兰地酒10g，干葡萄酒250g，精盐、胡椒粉各适量。

（2）做法

将栀子花去蕊，摘瓣洗净，取2朵栀子花放入小磁盘碾汁，另两朵栀子花切细丝待用；小牛肉切去边皮、边肋洗净，切成15块；干葱去皮切粒；将炒锅烧热，放黄油化开，把牛肉块煎黄，将肉块码在一起，淋白兰地酒，划火柴引火把白兰地酒燃烧一下，再撒上干葱粒，放盐、胡椒粉，调好口味，倒入干葡萄酒，用小火焖烧约30min；待肉焖熟后，浇上2朵栀子花挤出的花汁，再焖5min入味；食用时装盘，浇上原汁，上边撒上2朵栀子花丝即可。

5.1.6.2　栀子花明虾片

（1）原料

栀子花4朵，明虾10只，蘑菇片100g，猪油100g，白葡萄酒50g，奶油沙司200g，红辣椒片25g，精盐少许。

（2）做法

将栀子花洗净，去蕊摘瓣，切成小片；明虾洗净，放入盛有沸水的锅内，煮熟后捞出去壳，去虾肠，切成3cm见方的薄片；红辣椒片下开水锅漂烫一下捞出；明虾片、蘑菇片、红辣椒片放入另一锅中，加盐、猪油、白葡萄酒稍焖一下，倒入栀子花片，再加入奶油沙司，烧开后即可。

5.1.6.3　八宝栀子鲍鱼

（1）原料

水发鲍鱼300g，香菜末5g，栀子花2朵，水发冬菇50g，熟鸡蛋1个，火腿25g，莲子10g，杏仁10g，花生米10g，冬笋20g，草莓酱100g，花生油100g，辣椒粉2g，精盐、胡椒粉和面粉汁各适量。

（2）做法

将水发鲍鱼、水发冬菇、火腿、熟鸡蛋均切丁；栀子花洗净、摘瓣，切小片待用；炒勺放花生油烧至五分热，放入鲍鱼煸炒半熟；放莲子，杏仁、花生米、水发冬菇丁、鸡蛋丁、火腿丁、冬笋丁，翻炒均匀；放入草莓酱、高汤、盐、辣椒粉、面粉汁，焖熟撒栀子花片，略焖出勺入盘；入盘后，撒少许香菜末即可。

5.1.6.4　栀子花扒鹌鹑蛋

（1）原料

栀子花2朵，鹌鹑蛋12个，水发冬菇泥25g，水发冬笋3片，油炒面25g，牛奶150mL，葱头末15g，白葡萄酒25g，素油25g，鸡清汤、盐、味精各适量。

（2）做法

把鹌鹑蛋煮熟，入凉水浸泡，去皮，入盘；栀子花去蕊，取瓣，洗净切丝待用；炒锅放油烧五分热，放葱头末煸炒出香味，放冬菇泥、冬笋片略炒，放鸡清汤、牛奶、白葡萄酒，放入去壳的鹌鹑蛋，温火煨5min；放盐、味精、油炒面调匀，撒栀子花丝，烧开出锅，入汤盘即可。

5.1.6.5　鸡蛋烩栀子花豌豆

（1）原料

栀子花2朵，鸡蛋3个，鲜豌豆200g，猪油25g，鸡清汤250mL，玉米粉15g，精盐、味精、黄油等各适量。

（2）做法

栀子花去蕊，取瓣，切小片，入盘待用；鸡蛋打入瓷碗内，加精盐、味精及少许鸡清汤，搅拌均匀；炒勺烧热化猪油，放入鸡蛋液，略炒成碎茸，放鸡清汤、鲜豌豆、精盐、味精，烧熟；放玉米粉煨浓，撒栀子花片，淋化黄油，出勺即可。

5.1.6.6　栀子花焖猪舌

（1）原料

猪舌5条，栀子花5朵，红汁沙司150g，黄酒100g，猪油100g，色拉油100g，辣酱油25g，细盐100g，胡椒粉15g，桂树叶1片，胡萝卜40g，洋葱150g，芹菜30g，土豆泥250g。

（2）做法

猪舌放入盛有开水的锅内，煮10min后取出用冷水冲凉，刮去舌苔和舌根骨，撒上盐和胡椒粉，放入平底煎锅内，用色拉油煎黄后，放入锅内加入栀子花瓣；将胡萝卜、洋葱、芹菜、桂树叶放入锅内，与猪舌同焖；焖锅内，再加黄酒、辣酱油、红汁沙司、猪油烧，待烧开后，转用小火，将猪舌焖酥、焖透，取出猪舌，原汁用洁净纱布滤清；装盘时，猪舌切成1cm的片，浇上原汁，盘边配以炒洋葱丝、土豆泥即可。

5.1.7　茉莉花

5.1.7.1　茉莉花烩海参

（1）原料

茉莉花25朵，水发海参400g，葱头50g，猪油150g，鲜豌豆苗25g，玉米淀粉15g，精盐、胡椒粉、红辣椒粉各适量。

（2）做法

将茉莉花洗净，控干，去净花粉；水发海参剖腹，去肚肠，洗净控干，切宽条，放盐、胡椒粉拌匀。烧热平底锅，化猪油，将海参煎透，放入锅内，加入清水；再放入红辣椒粉，大火烧开，改小火煨熟，去沫，放豌豆苗，撒茉莉花，勾玉米淀粉芡，淋化猪油，出锅即可。

5.1.7.2　茉莉花西沙豆腐

（1）原料

茉莉花10朵，羊肉末100g，豆腐300g，水发冬菇10g，黄油100g，葱头丁25g，甜青椒块50g，芹菜段50g，番茄酱25g，精盐、白糖、白醋各适量。

（2）做法

茉莉花去根，取瓣，洗净待用；豆腐切小块，水发冬菇切丁；炒锅烧热化黄油，五成热时，投入羊肉末煸炒，再放豆腐块、冬菇丁，待八成熟时出锅；炒锅内化黄油，烧热，煸炒葱头丁，炒出香味后，放番茄酱，再放豆腐块、羊肉末、冬菇丁，加少许清水，稍焖烧，再放入甜青椒块、芹菜段，待烧开后，撒匀茉莉花，放白糖、白醋、精盐，调好口味，出锅入盘。

5.1.7.3 茉莉花琵琶豆腐

（1）原料

茉莉花15朵，嫩豆腐150g，猪瘦肉末100g，鸡蛋清1个，火腿丝25g，水发冬菇25g，葡萄酒100g，鸡清汤250mL，鲜奶油15g，盐水、淀粉、料酒、胡椒粉、味精各适量。

（2）做法

茉莉花去根，取瓣，洗净，去花粉，入盘待用；豆腐入沸水焯过后，捣成泥，与肉末、蛋清、淀粉、盐水、料酒、胡椒粉、味精搅拌至发黏时，放入葱姜水，搅匀，再放少许油，拌匀；用10个羹匙，每个抹少许油，盛入豆腐糊，上面放上火腿丝、冬菇丝，上锅蒸透熟，待熟后取去羹匙，摆入盘中，成琵琶豆腐；炒锅放鸡清汤、葡萄酒，烧开，放鲜奶油，化开，放盐、味精、胡椒粉；拌匀后，放茉莉花瓣，烧开，立即出锅，沸时，立即浇在豆腐上即可。

5.1.7.4 茉莉花酒汁鲍鱼

（1）原料

鲍鱼400g，茉莉花5g，煮土豆150g，煮青豆50g，煮胡萝卜50g，干白葡萄酒300g，芥末25g，面粉10g，鸡清汤75mL，黄油75g，精盐、胡椒粉各适量。

（2）做法

茉莉花去根，取瓣，洗净入盘；将鲍鱼切成8个厚片，用煎锅将黄油化开，烧热，把鲍鱼煎成两面黄色，再用微火煎5min，熟后捞出，控油。煎锅内留下少许黄油，烧热，放面粉炒至微黄色，出香味，放少许烧开的鸡清汤冲开，搅拌均匀，放入芥末汁、干白葡萄酒，放入炸鲍鱼煨焖，再放盐、胡椒粉调好口味，放入洗净的茉莉花，略开，汁浓后出锅，入盘；煮土豆、煮青豆、煮胡萝卜块撒盐成咸口，放盘边即可。

5.1.7.5 茉莉花炒鳝片

（1）原料

粗活鳝鱼2条，鲜茉莉花30朵，鸡蛋清2个，白兰地酒25g，料酒15g，干淀粉5g，花生油750g，鸡清汤100mL，湿淀粉12g，精盐、味精、胡椒粉、麻油各适量。

（2）做法

将粗活鳝鱼宰杀，去内脏，去头，去皮，用清水洗净，切成柳叶片，放入清水中漂洗，捞出控干，放入瓷盆内，加入料酒、精盐、鸡蛋清、干淀粉、胡椒粉，将鳝鱼片浆好。鲜茉莉花去根蒂，洗净，放入明矾水内浸泡一下，洗净，控干，入盘。炒锅烧热，放花生油，烧至四成热时，把浆好的鳝鱼片入锅，滑一下，待鳝片呈乳白色时，捞出，控油，倒出余油。炒锅净后，放入鸡清汤，烧开，加入精盐、味精、胡椒粉，烹入白兰地酒，用湿淀粉勾薄芡即可。

5.1.7.6 茉莉银耳羹

（1）原料

银耳25g，茉莉花24朵，盐、味精各适量。

图5-29 茉莉银耳羹

（2）做法

银耳用温水泡发，择洗干净，泡入凉水中；茉莉花去蕾去蒂，洗净；锅内放清水、银耳、盐、味精烧开；最后，撒上茉莉花即可（图5-29）。

该美食中茉莉花有生津润肺、益气滋阴的效果，对肺热咳嗽、肺爆干咳、痰中带血、胃肠有热、头晕耳鸣、月经不调、冠心病、高血压等也有良好的疗效。

5.1.8　木芙蓉

5.1.8.1　鸡茸木芙蓉花

（1）原料

火鸡里脊肉200g，木芙蓉花2朵，鸡蛋清1个，玉米淀粉20g，白兰地酒10g，鸡清汤150mL，水淀粉15g，奶油15g，料酒15g，精盐、味精、胡椒粉各适量。

（2）做法

将火鸡里脊肉去筋膜，斩成茸泥，鲜木芙蓉花取瓣，洗净，切小片待用；火鸡茸用鸡清汤调开，放入精盐、味精、料酒、白兰地酒、胡椒粉、鸡蛋清、玉米淀粉、1朵木芙蓉花片，搅拌成稀糊状，成鸡茸泥，用开水氽熟；炒勺烧热，放入余下的鸡清汤、料酒、精盐、味精烧开，再放入余下的1朵木芙蓉花片，放入鸡茸，烧开，加水淀粉勾芡，泼入化开的奶油即可。

5.1.8.2　木芙蓉三鲜酿豆腐

（1）原料

豆腐500g，木芙蓉花2朵，水发海参20g，熟冬笋20g，虾仁100g，鸡蛋3个，面粉15g，姜末5g，麻油10g，咖喱沙司150g（其中：葱头末100g，大蒜头末25g，姜末25g，番茄酱25g，咖喱酱25g，咖喱粉25g，白糖25g，猪油50g，甜青椒丝50g，精盐与胡椒粉各适量），味精2g，精盐、淀粉适量。

（2）做法

甜青椒丝用开水氽一下，捞出控干；平底锅烧热，放猪油后，将葱头末放入，炒到嫩黄时，再加大蒜末、番茄酱、咖喱酱、咖喱粉、姜末，用小火慢慢搅匀后略开片刻。最后放入甜青椒丝，煸炒均匀即可制成咖喱沙司；把豆腐切成6cm×3cm×3cm的小块，用热油炸成金黄色，捞出控油，待凉后，再从上面片下一薄片，挖成槽状待用；水发海参、熟冬笋均切成小丁，用开水氽一下；木芙蓉花洗净，摘瓣，切小片，放入开水中烫一下；虾仁择洗干净，切丁。以上各料均放入瓷盆中，加蛋清、淀粉，少许精盐，拌匀，浆好，用温油滑透；滑透的三鲜花料，加味精、姜末、麻油，搅拌均匀后，填入豆腐盒里；用蛋黄和面粉搅拌均匀后，抹在片下的豆腐片上，再将豆腐片盖在豆腐盒上，封好口，上蒸锅，蒸10min取出，码入鱼盘内，撒上余下的木芙蓉花片，浇匀咖喱沙司即可。

5.1.8.3　木芙蓉烩山鸡块

（1）原料

带骨山鸡肉375g，木芙蓉2朵，生菜油250g，黄油25g，葱头25g，大蒜瓣5g，胡萝卜

25g，桂树叶1片，芹菜25g，白胡椒粒0.5g，富强粉15g，煮土豆4个，辣酱油5g，鲜茴香末1g，净圆生菜2片，净西红柿50g，鸡清汤250mL，精盐、胡椒粉各适量。

（2）做法

木芙蓉花取瓣，洗净，切小片，入盘待用；将山鸡肉块浸泡清水2h后，捞出控干，剁成两大块，撒上精盐和胡椒粉，均匀粘上5g富强粉；胡萝卜切成片，葱头一半切丁，一般切片；芹菜切成段；大蒜切成片；西红柿切成三角块，待用；煎盘内倒生菜油，烧至七成热，将山鸡块放油内，煎至深黄色时，倾出油，淋入黄油，烹入辣酱油，加鸡清汤，烧开，加入葱头片、胡萝卜片、芹菜段、桂树叶、木芙蓉花片、胡椒粒和蒜片，用中火焖至山鸡肉将熟时，另取煎盘倒入生菜油，烧至六成热，把葱头丁粘匀，将面粉10g放入煎盘内，炸至呈黄色，出油，倒在焖山鸡块内，一起焖至肉烂；取热长盘，在盘的右上方放煮土豆，焖鸡块放盘中间，浇上原汁，盘边配上西红柿块，压上生菜叶，茴香末撒在煮土豆上即可。

5.1.9　其他花菜类

5.1.9.1　金雀花火腿炒蛋

（1）原料

金雀花、鸡蛋、火腿。

（2）做法

锅中水烧开，关火，下入金雀花烫1～2min，去除草木的涩味和杂质，捞起置冷水下冲洗，沥干水分备用。火腿切细条。火腿片1～2片即可；锅中加适量油，油热后倒入打散的鸡蛋液，加一点盐，翻炒1～2min后盛起；下入火腿，用余油小火煸炒2～3min；加入鸡蛋和金雀花，快速翻炒均匀即可（图5-30）。

图5-30　金雀花火腿炒蛋

5.1.9.2　樱花红豆糯米饭

（1）原料

糯米500g、红豆50g，樱花适量，盐、醋、黑芝麻少许。

（2）做法

将樱花瓣用盐和醋腌制，腌制的樱花有淡淡的樱花香。红豆洗净后加少量水煮2～3min。然后将水倒掉，再次加入300mL左右清水，中火煮20min。糯米洗净，沥干水分后放置30min备用。将煮好的红豆和汁分开，把红豆和樱花放到糯米上；红豆汁加水，使红豆汁和水的量合计510mL。加入糯米中并放少许盐，按下煮饭键，跳闸后即可（图5-31）。

图5-31　樱花红豆糯米饭

5.1.9.3　椒盐南瓜花

（1）原料

南瓜花、鸡蛋、面粉、盐。

（2）做法

碗中加入1个鸡蛋、1大勺面粉、适量清水、一点点盐，拌成稍稀的面糊；将南瓜花瓣

图5-32 椒盐南瓜花

放入面糊中，用筷子轻柔地把每片花瓣都粘上面糊；把粘上面糊的花瓣放入大火热油里快速煎炸，无须翻面，看到花瓣上的面粉出现白色的鼓起焦脆状，赶快夹出即可（图5-32）。

5.1.9.4 玉兰花肉丸子

（1）原料

猪肉馅200g，玉兰花2朵（约20片花瓣），荸荠100g（去皮净重），鸡蛋1个（只用蛋清），姜末20g，香油2汤匙（30mL），料酒1汤匙（15mL），生抽2汤匙（30mL），盐1/2茶匙（3g），鸡精少量，淀粉1茶匙（5g），油少许。

（2）做法

将玉兰花瓣拆开，洗净，在清水中加入半茶匙的盐，将花瓣浸泡片刻，捞起沥干待用；将料酒和生抽及盐放入肉馅中，拌匀腌制10min；将荸荠洗净、去皮，切成细末，玉兰花瓣切成细末，姜切成细末；将荸荠末、花瓣末、姜末、鸡蛋清、香油、鸡精放入肉馅中，用勺子朝一个方向搅拌均匀，待感觉肉馅上劲以后即可；在手掌心中抹少许油，用勺子和掌心将肉馅团成比乒乓球略大的肉丸子；将做好的肉丸子放入已开的蒸锅中，大火蒸8min左右，取出肉丸，将蒸肉丸时渗出的水倒入一个小锅中，烧开，用适量水将淀粉调匀，倒入锅中（转小火或者离火），调成薄芡；将蒸好的肉丸子放在盘中，将调好的芡汁浇在肉丸上，用玉兰花蕊做装饰即可（图5-33）。

图5-33 玉兰花肉丸子

5.1.9.5 凉拌油菜花

（1）原料

油菜花、蒜末、盐、味精、醋、麻油。

（2）做法

将新鲜的油菜花择好；将洗干净的油菜花用盐水泡1～2h，去掉油菜花的涩味；将盐水泡好的油菜花用清水洗一下，放入开水中氽一下，速度要快，放入开水中就捞出来，时间长了，油菜花的香味就没了；将用开水氽好的油菜花用凉开水冲一下，挤干水分，放入蒜末、盐、味精、醋和麻油搅拌即可（图5-34）。

5.1.9.6 菠萝桃花虾

（1）原料

鲜桃花10朵，大虾300g，菠萝150g，洋葱75g，番茄酱50g，黄酒25g，白糖5g，精盐3g，水50g，植物油75g。

（2）做法

准备好原料，将鲜桃花取瓣，洗净；大虾洗净后剥去壳，用刀从虾背部片开，除掉虾线，再切成小段；菠萝去皮，切成小块儿；洋葱切成丁备用。

图5-34 凉拌油菜花

炒锅内放油烧热，下入洋葱丁，稍炒；放入虾段，炒变色；加入番茄酱炒匀，加入水，烧至微开；加入菠萝块、盐、白糖、黄酒，烧入味，撒上鲜桃花瓣即可（图5-35）。

图5-35　菠萝桃花虾

5.1.9.7　桃花粥

（1）原料

粳米100g，桃花5g，冰糖30g。

（2）做法

将粳米洗净，置于砂锅中，加水1000mL，大火烧开，转用小火慢熬至粥将成；将桃花5g，用水浸泡30min，再将桃花和冰糖一起放入，熬至糖溶，粥即成（图5-36）。

图5-36　桃花粥

5.1.9.8　秘制冰糖丁香酱鸭

（1）原料

光鸭、新鲜橘子皮、丁香花、茴香、桂皮、葱、姜、料酒、老抽、碎冰糖等。

（2）做法

光鸭洗净，腔内杂物全部去除干净，剁去尾部；大锅水烧开，放入鸭子焯水后洗净浮沫，擦干，腔内塞葱段姜片；另起一锅加少许油，放入葱姜煸炒后，放入整鸭；下老抽，碎冰糖，料酒，稍许上色；放入新鲜橘子皮、丁香花、茴香、桂皮，加入适量水至鸭身一半处；大火煮沸后，改小火焖1h左右，每隔15min左右小心翻面；焖煮至筷子可轻易插入鸭腿时，转大火收稠卤汁，并不断用勺子舀起卤汁，淋遍鸭身；待鸭身均匀呈酱红色即可出锅，立即在鸭全身抹一层油，待稍凉后斩块装盆；剩余卤汁趁热浇在鸭块上即可（图5-37）。

图5-37　秘制冰糖丁香酱鸭

5.1.9.9　昙花肉片汤

（1）原料

新鲜昙花3朵，猪梅肉半条。

（2）做法

昙花洗净撕成小块，猪肉切片用盐、生粉拌匀；汤锅放清水，烧开后放少许姜丝，转中火，轻轻放入肉片，先不要搅动，待肉片变色方可搅动，这样煮出来的肉片很滑嫩；然后把昙花柄放入；最后再把花瓣全放入，水沸后放盐，味精调味后起锅（图5-38）。

5.1.9.10　木槿花汆肉片

（1）原料

木槿花、猪里脊、豌豆、高汤、盐、鸡精、料

图5-38　昙花肉片汤

图5-39 木槿花氽肉片

图5-40 核桃花炒腊肉

酒、橄榄油，葱姜少许。

（2）做法

木槿花先用盐水浸泡片刻后洗净，用开水焯烫，过凉水；猪里脊切薄片，洗净；切好的肉片用料酒腌制片刻；豌豆洗净后用清水煮片刻后捞出；炒锅加少许的橄榄油，葱姜爆香后，倒入豌豆，翻炒片刻，加高汤或者清水，煮至水开，倒入控干水分的木槿花；氽入肉片，用筷子快速滑散，加调味料后即可（图5-39）。

5.1.9.11 核桃花炒腊肉

（1）原料

腊肉、核桃花、青椒、红椒、盐、白糖、味精、姜片、蒜片、葱段等。

（2）做法

腊肉放入锅中大火煮10min至熟，取出后洗净，切成粗条；核桃花泡发后洗净，放入锅中煮5min，取出洗净备用；青椒、红椒洗净，切成与腊肉同等大小的条。锅中放入少许油，放腊肉小火煸炒出油，放入核桃花、青红椒条、姜片、蒜片大火煸炒1min，用盐、味精、白糖调味后，加葱段出锅装盘即可（图5-40）。

5.1.9.12 金银花水鸭

（1）原料

金银花15g，水鸭1只，无花果3粒，陈皮1片，鲜姜3片，清水2.5L，盐少许，白胡椒粉少许。

（2）做法

将金银花反复清洗几次洗干净，清洗时可倒入一个筛网中，放在清水里左右晃动进行清洗；陈皮洗干净、泡软刮去囊；水鸭洗干净，放入滚水内煮5min后捞出冲掉浮沫；将水鸭放入砂煲内，倒入清水煮沸后放入金银花、无花果、陈皮和姜，撒上少许白胡椒粉，用文火煲2.5h后加入少许盐搅匀即可。

5.2 园艺植物之叶菜类美食

5.2.1 芦荟

5.2.1.1 西红柿块拌芦荟

（1）原料

西红柿250g，芦荟肉10g，香菜、细香葱、麻油、味精、鲜酱油各适量。

（2）做法

将西红柿洗净，去掉果蒂后切成丁块，装入盆中；把芦荟肉取出，在开水中煮3～5min，捞出，芦荟肉切成丁块，铺在西红柿上；将麻油、味精、鲜酱油、细香葱兑成汁，浇在西红柿表面上；西红柿周边摆放香菜嫩叶即可。

5.2.1.2　盐水花生芦荟

（1）原料

生花生500g，芦荟肉20g，红色甜椒、香菜、食盐各适量。

（2）做法

剔去霉变发芽的花生，洗净，放入清水用小火煨，直至齿咬喷香，酥软粉碎，加盐调节口感，倾倒去花生汁水，装盘；将芦荟肉，煮烧后取出，切成丁块，铺摆在花生上；红色甜椒切成3个菱形片，组成树叶，菱形尖端对准圆心，周边摆放香菜绿叶即可。

5.2.1.3　黄花芦荟

（1）原料

黄花菜500g，芦荟肉10g，香菜、红色甜椒片、醋、鲜酱油、蒜末各适量。

（2）做法

黄花菜摘成小朵，撕去硬茎皮，洗净沥干；放清水500g，煮沸投入黄花菜，旺火煮沸，迅速离火，倒入漏勺，沥干待凉后装盘；将芦荟肉，旺火煮沸，迅速离火，沥干待凉，切成透明薄片，铺在黄花菜上；将醋、酱油、蒜末兑成汁，浇在菜盘上；盘边摆上切成菱形的红色甜椒片，间隔四周边缘再放芫荽叶即可。

5.2.1.4　皮蛋豆腐芦荟

（1）原料

豆腐250g，皮蛋25g，芦荟肉、香菜、香油、鲜酱油、红油各适量。

（2）做法

将豆腐与皮蛋分别切成丁块，两者大小形状接近；将芦荟叶片剖开去皮，挖出叶肉，在清水中煮沸3～5min取出，切成丁块，大小形状与豆腐、皮蛋块接近；将香油、鲜酱油、红油兑成汁，倾入盘中；盘周边摆放香菜嫩叶即可。

5.2.1.5　猪肝芦荟夹片

（1）原料

猪肝250g，芦荟肉10g，红樱桃数个，香菜、盐、花椒、酒、姜各适量。

（2）做法

将猪肝放入清水中煮沸，加盐、花椒和酒去腥，捞起冷却切片；将芦荟肉，在清水中煮沸3～5min，捞起切成薄片，并嵌入两片猪肝之间，按形状摆齐；将红樱桃摆在盘中央，周围加香菜即可。

5.2.1.6　鸡丁芦荟

（1）原料

鸡胸肉250g，芦荟肉10g，甜椒1只，胡萝卜片、香菜、圣女果、植物油、盐、味精、料酒各适量。

（2）做法

将鸡胸肉切成丁块备用；把芦荟肉用清水煮烧后切成丁块备用；把鸡丁加入热油锅内，旺火翻炒，加入调料，炒至肉熟嫩，再把芦荟肉入锅翻炒，装入盘中；盘一端集中放置芫荽，上摆3片胡萝卜片，把甜椒切成圆形5块，摆成放射状，盘中央放半只圣女果即可。

5.2.1.7　香菇芦荟

（1）原料

椴木香菇150g，冬笋片100g，甜椒50g，芦荟10g，土豆50g，胡萝卜片、黄豆芽、油、盐、酱油、味精各适量。

（2）做法

将香菇浸泡发好，切成小块备用；冬笋切薄片，芦荟切片，甜椒切成小块，胡萝卜切10余片，黄豆芽摘头去根，土豆切丝；放入油锅内翻炒，旺火，加调料，烧熟，盛入煲内，加盖煲5～10min即可。

5.2.1.8　芦荟汁炒银杏

（1）原料

银杏鲜果400g，红色甜椒丝，胡萝卜片3片，芦荟肉20g，香菜、盐、油、味精、酱油各适量。

（2）做法

银杏鲜果剥壳去皮，装塑料袋，放入冰箱冷冻，炒前先化解冰冻银杏备用；取芦荟肉，煎汁少量；将银杏鲜果入锅油炒，放入芦荟煎汁少量，添加红色甜椒丝少许，调味至适口装盘；在盘顶端放置香菜叶，盖3片胡萝卜片即可。

5.2.1.9　鲈鱼片芦荟

（1）原料

鲈鱼1000g，芦荟肉10g，胡萝卜片6片，植物油、精盐、味精、香菜、蛋清、淀粉各适量。

（2）做法

把鲈鱼剥皮，切成鱼片放入碗中，加入少量蛋清和干淀粉，拌匀后涂在鱼片表面，芦荟肉切片；油锅用旺火或放水煮沸，下鱼片、芦荟肉片入锅氽一下捞起；将植物油、盐、味精兑成调味汁，加入氽过的鱼片翻炒几下，盛起装入煲锅内；沿煲锅边缘放6片胡萝卜片，再加香菜少量，使胡萝卜片的颜色隐约可见即可。

5.2.1.10　芦荟汁炒金钱菇

（1）原料

金钱菇250g，香菜、芦荟汁、植物油、精盐各适量。

（2）做法

金钱菇浸泡发软后放入油锅炒熟，加一勺芦荟汁，烧干，加盐调味装盘；将香菜嫩茎围在金钱菇周围即可。

5.2.2　红薯叶

5.2.2.1　虾仁鸡汤煮红薯叶

（1）原料

红薯叶300g、虾仁200g、蘑菇20g、鸡汤、盐、胡椒粉、鸡精、香油等适量。

（2）做法

红薯叶去掉叶柄，洗净；虾仁除去虾线，洗净；蘑菇去根，洗净。虾仁、红薯叶分别焯水，然后和蘑菇一起放入鸡汤中，加盐、料酒、胡椒粉、鸡精，大火烧沸，小火煮5min；出锅装碗，淋上香油即可。

5.2.2.2　红薯叶饼

（1）原料

红薯叶300g，鸡蛋2个，白面粉100g，玉米面100g，盐、香油、小苏打适量。

（2）做法

将红薯叶洗净，焯水，然后将焯好的红薯叶放在凉水中过一下，挤干水分切末，取一大碗盛放，加入白面粉、玉米面、鸡蛋、小苏打、盐，再加入少许水搅拌成糊状备用。电饼铛预热后刷上香油，将面糊用勺子淋入饼铛上，煎至两面金黄色即可。

5.2.2.3　红薯叶梗胡萝卜虾皮

（1）原料

红薯叶梗300g，胡萝卜、虾皮少许，蒜、油、盐、鸡精适量。

（2）做法

红薯叶梗洗净切段焯水，胡萝卜切丝，虾皮洗净，蒜切碎；起锅热油爆香蒜末，放胡萝卜丝、虾皮、红薯叶梗翻炒；放1汤勺水，加盐和鸡精调味即可。

5.2.2.4　蒜香红薯叶

（1）原料

红薯叶及梗300g，蒜瓣、盐、鸡精油等适量。

（2）做法

选取未被虫子咬坏的红薯叶及梗，老梗丢弃，叶子连梗，将梗的外皮剥去；洗干净，滤水；锅里烧油，下拍扁的蒜瓣炸香；下红薯叶及梗，翻炒，撒上盐和鸡精即可。

5.2.2.5　红薯叶鸡蛋汤

（1）原料

红薯叶200g、鸡蛋2个，葱、蒜、味精、盐等适量。

（2）做法

红薯叶洗净，几刀切成大片。热锅放油，下葱花炒至出香味，下入红薯叶翻炒几下，加水大火烧开。汤中加盐；鸡蛋打散，待汤烧开，将鸡蛋液缓慢一点点下入汤中，使汤随倒随开；下入蒜末，搅匀后，关火加味精出锅。

5.2.2.6　红薯叶梗炒土豆丝

（1）原料

油、蒜蓉、红薯叶梗、土豆丝、胡萝卜丝、酱油膏等。

（2）做法

将红薯叶和梗分开，切土豆丝与胡萝卜丝，油放入炒锅，下蒜蓉爆香，下土豆丝翻炒，加点水或鸡汤焖至六分熟；接着下胡萝卜丝，再焖至土豆丝九分熟；再加入红薯叶和梗焖至土豆丝全熟，视个人口味，加入酱油膏调味即可。

5.2.2.7　香葱红薯叶饭

（1）原料

白米2杯，红薯叶300g，水1.5杯，姜末15g，蒜酥20g，红葱油3大匙，盐半匙，白胡椒粉半匙。

（2）做法

先将红薯叶放入滚沸的水中汆烫，捞出冲冷水至凉，挤干水分切碎备用；然后将白米洗净沥干水分，放入电饭煲中，加入水、盐、蒜酥以及红葱油，铺上红薯叶和姜末，按下煮饭键煮至熟。煮熟后打开电饭煲，撒上白胡椒粉拌匀即可。

5.2.2.8　薯叶鸡蛋全麦饼

（1）原料

红薯叶300g，面粉100g，全麦粉100g，鸡蛋2个，食用油、盐适量。

（2）做法

红薯叶清水洗净，沥水；四勺面粉，两勺全麦粉，打入两个鸡蛋搅拌均匀；加适量盐和清水调稀面糊，放入洗净的红薯叶，搅拌均匀；平底锅放入少许油，小火煎制，直到两面金黄色至饼熟。

5.2.2.9　鱼露牛肉红薯叶

（1）原料

红薯叶400g，牛肉片100g，蒜泥40g，橄榄油1小匙，鱼露1小匙，20°料理米酒1大匙，砂糖1小匙，鸡精粉1小匙。

（2）做法

先将红薯叶除去硬梗部分，洗净备用；然后取一炒锅，倒入橄榄油，放入蒜泥爆香，再放入牛肉片快炒至牛肉变色；再将红薯叶、鱼露、20°料理米酒、砂糖、鸡精粉放入炒锅中，炒至红薯叶软熟，盛盘即可。

5.2.3　桑叶

5.2.3.1　桑叶包子

（1）原料

包子馅原料（新鲜桑叶10g、韭菜10g、猪肉20g、姜少许），面皮原料（面粉100g，酵母、水适量），姜末、盐、生抽、料酒、味精和香油等适量。

（2）做法

桑叶清洗干净粗切，入水轻焯，捞出马上冲凉晾透，攥干水分，切碎；猪肉切丁，用姜末、酱油、料酒和香油拌匀，腌制15min；韭菜择洗干净，沥干水分，切碎；以上原料混合，添加花生油、盐、生抽和味精拌匀即成包子馅料。酵母用温水稀释，添加面粉搅拌成湿面絮，然后揉成光滑的面团，盖上湿布饧发；至面团发酵蓬松至2倍大小，取出揉匀排气，分割成同样大小的面剂。擀皮，包馅，包好的包子盖上湿布，继续饧发至面皮蓬松轻盈状；冷热水下锅均可，大火烧开，上汽后15min关火，虚蒸5min，开锅。

5.2.3.2　杏仁瘦肉汤

（1）原料

瘦猪肉250g，杏仁5g，桑叶15g，菊花15g，姜5g，盐3g，味精2g。

（2）做法

瘦猪肉洗净，切成细块留用。用清水4碗，瘦猪肉连同菊花、杏仁、桑叶、姜一起放进煲锅内，煲2h，加入盐、味精调味即成。

5.2.3.3　桑叶冻糕

（1）原料

桑叶茶5g，琼脂5g，细砂糖150g。

（2）做法

先用600g热开水冲泡桑叶茶，滤出茶汤；然后向茶汤中加入琼脂一起蒸，蒸至琼脂完全溶化后，再加入细砂糖调匀。将茶汤倒入模型杯，置冰箱内冻结后取出，倒扣至小盘即可食用。食用时，可加奶球雪糕及樱桃等，口感更佳（图5-41）。

5.2.3.4 桑叶眉豆卷

（1）原料

桑叶10g、眉豆10g、糯米粉10g，冰糖、片糖、花生酱、芝麻和糖菊花适量。

（2）做法

眉豆先泡一晚，再加冰糖炖1h，目的是使眉豆煮烂。先把片糖煮溶，和上糯米粉，使它变成生熟粉，然后擀皮。糯米粉皮擀好后，在上面均匀地铺上眉豆和花生酱，上面再洒上一点芝麻和糖菊花，然后卷包起来。包好再用桑叶裹住。整齐码好，放在蒸笼里隔水蒸20min，桑叶眉豆卷即成。

图5-41　桑叶冻糕

5.2.3.5 桑叶荷叶粥

（1）原料

桑叶10g，新鲜荷叶1张，粳米100g，砂糖适量。

（2）做法

先将桑叶、新鲜荷叶洗净煎汤，取汁去渣，然后加入粳米（洗净）同煮成粥，最后兑入砂糖调匀即可。

5.2.4　香椿

5.2.4.1 香椿拌豆腐

（1）原料

豆腐200g、香椿100g。

（2）做法

将豆腐洗净，放沸水中焯烫，捞出，晾凉，搅碎，装盘；香椿洗净，放沸水中焯一下，捞出，立即放凉开水中过凉，捞出，沥干，切碎，放入豆腐中。在香椿和豆腐中加入盐、香油拌匀即可（图5-42）。

图5-42　香椿拌豆腐

5.2.4.2 香椿炒蛋

（1）原料

香椿100g，鸡蛋2个，植物油15g，盐3g，味精3g。

（2）做法

先将香椿洗净，切细；然后将鸡蛋打在碗中，加盐搅散；再将香椿倒进碗中搅拌均匀。炒锅或者平底锅置中火上，加植物油热至六成，下调好的香椿和鸡蛋；成形后用锅铲剁散，加味精调味，翻炒3～4min出锅即成。

5.2.4.3 香椿鸡脯

（1）原料

鸡脯2块，香椿80g，鸡蛋2个，黄酒2大匙，白胡椒粉1小匙，盐1小匙，淀粉、五味酱适量。

（2）做法

鸡脯切成薄片，用白胡椒粉、黄酒和少许盐腌制片刻；香椿用开水焯烫几分钟后捞起，切成细末；鸡蛋打散，加入香椿末搅拌均匀做成蛋液；鸡脯用厨房纸拭干水分；先在干淀粉中拍匀，再在蛋液中滚一圈，下入六成热油锅内慢炸，全部炸好后再复炸一遍使之成金黄色；用厨房纸吸油，摆盘蘸酱食用。

5.2.4.4 香椿炒鸡蛋饭

（1）原料

米饭300g，鸡蛋2个，香椿150g，瘦肉丝200g，植物油20g，精盐4g，淀粉5g。

（2）做法

肉丝放入碗内，加入湿淀粉、盐、蛋清拌匀上浆；鸡蛋加盐少许搅匀；香椿切丁；油锅烧至五成热时，下入肉丝滑散捞出；加入鸡蛋和香椿用旺火翻炒起锅；将米饭用油和少许精盐炒热，再放入炒好的香椿、肉丝、鸡蛋，翻炒均匀，盛入盘内即成。

5.2.5 马兰头

5.2.5.1 马兰头青团

（1）原料

马兰头300g、香干100g、松仁20g，鸡粉、糯米粉、黏米粉、澄粉（小麦淀粉）、艾草粉等适量、粽叶若干。

图5-43 马兰头青团

（2）做法

马兰头清洗干净后放入锅中焯水，挤干水分切成颗粒；香干切成小粒；把马兰头香干一起放入大碗中，加入盐、生抽、砂糖、香油、鸡粉拌匀。取一大盆加入糯米粉、黏米粉、澄粉、艾草粉，加入适量温水和成粉团。从粉团上取下一个小团，搓圆后用大拇指抠一个孔，然后转动粉团，中间放入适量马兰头香干馅，用虎口慢慢收口，再放在已刷上油的粽叶上；上笼大火蒸15min，蒸好后再刷上一层熟油即可（图5-43）。

5.2.5.2 香干马兰头

（1）原料

马兰头300g，香干100g，盐3g，白砂糖5g，鸡精2g，芝麻香油10mL。

（2）做法

摘去马兰头的老梗和老叶，用冷水洗净泥沙，沥干水分备用；用大火烧开一锅水，放入香干汆烫2min，捞出放入凉开水过凉后，沥干备用。再用大火烧开一锅水，放入马兰头汆烫3min，捞出沥干水分，再放入冷水中反复清洗，最后挤去马兰头中的汁水并切碎。将香干切成0.2cm左右的小丁，放入碗中与马兰头碎末混合，在香干和马兰头中加入盐、白砂糖、鸡精和芝麻香油拌匀，在盘中堆成塔形即可。

5.2.5.3　马兰头豆腐卷

（1）原料

马兰头300g，鸡蛋2个，胡萝卜半根，黄豆芽100g，蟹味菇50g，豆腐皮1张，盐少许，生抽少许，大蒜1瓣做成蒜蓉，麻油少许，糖少许。

（2）做法

分别将马兰头、蟹味菇、黄豆芽、胡萝卜丝洗净焯熟，洒少许盐拌匀入味，挤去多余水分；将2个鸡蛋调散，入油锅煎熟，切丝；豆腐皮洗净，在开水中略焯后捞起，小心掀开铺平，切成4小块。尽量将马兰头等菜蔬腌渍出的汁水挤干，与鸡蛋丝、蒜蓉、生抽、麻油、糖一起拌匀，喜欢吃辣的可以调少许辣椒油，将拌好的馅料分别铺满豆腐皮2/3的位置，卷紧后切段装盘即可。

5.2.5.4　马兰头蒸白豆腐

（1）原料

白豆腐1块，肉糜少量，山药小半根，胡萝卜一小片，干马兰头1大把，鸡蛋1个，酱油适量，玉米油适量。

（2）做法

干马兰头开水冲泡，滤去水分，切得尽量细碎；山药去皮剁碎加入肉糜，加入少许酱油和干淀粉搅拌均匀；胡萝卜切得细碎；豆腐清水冲洗一下，切成方丁，放在一个浅口碗里；鸡蛋打散，将蛋液均匀地洒在豆腐表面，让蛋液自然渗透豆腐。热锅下适量玉米油，先炒一下胡萝卜碎末，再下山药肉糜炒散开，不要让肉糜结籽；将炒好的肉糜和胡萝卜碎末平铺在豆腐上，再撒上切碎的马兰头，最后加两勺酱油，将准备好的豆腐上锅蒸12～15min即可。

5.2.5.5　马兰头核桃鸡蛋卷

（1）原料

马兰头150g，鸡蛋2个，熟大核桃仁3颗，芝麻油15g，盐2.5g，白糖1.5g。

（2）做法

马兰头取嫩叶，冲洗干净；小锅煮沸水，放少许盐，将马兰头放入焯一下捞出，放入凉水中凉透，沥干；把马兰头稍稍用手挤出部分水分，切碎，放大碗里。把核桃仁用刀背压碎，放入大碗，与马兰头碎和一起，拌入芝麻油、盐、白糖。鸡蛋打散，平底锅烧热后，倒入食用油润下整个锅底，然后倒出多余的油，小火，倒入蛋液摊成蛋饼，关火。把蛋饼翻个面，放上拌匀的马兰头拌核桃，用手稍稍整形并捏紧，卷起来，注意要卷得稍微紧一点，取出切成小段即可食用。

5.2.6　马齿苋

5.2.6.1　凉拌马齿苋

（1）原料

马齿苋1把，盐、味精、香油、醋、辣椒油各适量。

（2）做法

将马齿苋的根部、老叶摘去切成段，用清水加盐泡10min，洗干净；马齿苋段放入沸水

图5-44　凉拌马齿苋

图5-45　炒马齿苋

图5-46　马齿苋炒蛋

图5-47　蒜蓉马齿苋

锅内焯至变色，色成碧绿即可捞出，放入凉水内过凉待用；取碗，放入味精、醋、辣椒油、盐、香油调和均匀待用；将过凉的马齿苋捞出，沥干水分，放入容器中加入兑好的调味汁，搅拌均匀即可（图5-44）。

5.2.6.2　炒马齿苋

（1）原料

马齿苋500g，色拉油30g，盐3g，味精2g，姜5g，白皮大蒜10g，香油5g。

（2）做法

将马齿苋的根部和老叶摘去洗净，切成3cm长的段，放入沸水锅内焯水后捞出，沥干水分；大蒜、姜均切末；锅置旺火上，放入色拉油，烧至六成热，下姜、蒜末煸香，再放入马齿苋，加精盐、味精翻炒均匀，淋香油，出锅装盘即可（图5-45）。

5.2.6.3　马齿苋炒蛋

（1）原料

马齿苋30g，鸡蛋两个，盐适量。

（2）做法

马齿苋摘嫩叶去梗，加盐和鸡蛋，把蛋液搅拌均匀，倒入热油锅里，两面煎焦黄即可（图5-46）。

5.2.6.4　蒜蓉马齿苋

（1）原料

马齿苋300g，蒜蓉20g，小米椒2根，麻油、红油椒子少许，生抽、醋、花椒油、味精各适量。

（2）做法

马齿苋洗净用开水烫熟，再用凉开水浸一下，捞出挤干水分，装盘待用；小米椒切圈，放在菜上，依次放生抽、麻油、红油椒、醋、花椒油、味精；热油锅里放蒜蓉炒香，淋在菜上，和均匀即可（图5-47）。

5.2.6.5　马齿苋肉片汤

（1）原料

马齿苋250g，瘦猪肉100g，蒜蓉10g，酱油5g，豌豆淀粉5g，花生油10g，盐3g。

（2）做法

马齿苋洗净，取嫩部分摘短；瘦肉洗净抹干水，切薄片，加腌料腌10min，放入沸水中，煮至熟捞起；烧热锅，下花生油半汤匙，放下蒜蓉爆香，加入水6杯或适量烧开，放下马齿苋煮烂，约需10min，放下肉片煮熟，下盐调味（图5-48）。

5.2.7 其他叶菜类

5.2.7.1 甘菊苗拌猪肚

（1）原料

甘菊苗75g，熟白猪肚400g，熟鸡蛋黄1只，味精2g，色拉油50g，精盐10g，白醋15g，芥末沙司10g，白胡椒粉5g。

（2）做法

将熟鸡蛋黄搓碎，过箩，放入瓷盆内，加入芥末沙司、白胡椒粉、精盐、味精，用勺搅拌均匀，使蛋黄成泥后，再缓慢倒入色拉油、白醋，以及凉开水250g，调拌均匀成醋油沙司待用。将甘菊苗洗净，切成粗丝，放入沸水锅内烫一下，捞出沥干水分。熟白猪肚切成丝，放入沸水锅中，氽汤1min，然后捞出沥干水分。将熟白猪肚丝、甘菊苗丝放入鱼形盘里，浇上预先调好的醋油沙司，拌和均匀即成（图5-49）。

5.2.7.2 凉拌蒲公英

（1）原料

蒲公英叶子150g，培根50g，南瓜子、芝麻、柠檬丝、小葱，柠檬汁1茶匙，菜花油1汤匙，盐、黑胡椒粉适量，蒲公英花3朵。

（2）做法

蒲公英去梗取叶子、放入加了盐的水中泡10min，取出晾干；培根切丝，小火煸干，用吸油纸吸干多余的油分；柠檬皮切丝、小葱切段；除培根和蒲公英花外，全部食材放入一个大盘中，加入柠檬汁、菜花油、盐和黑胡椒粉拌匀；装盘。先撒上培根，再揪下蒲公英花的花瓣撒上即可（图5-50）。

图5-48 马齿苋肉片汤

图5-49 甘菊苗拌猪肚

图5-50 凉拌蒲公英

5.3 园艺植物之果菜类美食

果实富含多种人体所需的营养素，包括果胶、维生素、矿物质、纤维素、无机盐、有机酸、碳水化合物和少量的蛋白质等。每天合理食用不同的果菜，既能补充足够的维生素和纤维素，也可美颜养生、促进食欲、帮助消化，并具有预防疾病之功效。

5.3.1 火龙果

5.3.1.1 彩椒火龙果

（1）原料

火龙果200g，彩椒100g，紫甘蓝100g，色拉油适量。

图5-51　彩椒火龙果

图5-52　火龙果多丸甜品

图5-53　火龙果芹菜炒鱼饼

（2）做法

火龙果从中间切开，用挖球器挖出果肉，挖好的果肉放着备用；彩椒和紫甘蓝都切成大小合适的小块。油热后放入彩椒和紫甘蓝翻炒，不需要太久，否则蔬菜会失去脆嫩感，快熟时放入食盐、鸡精调味，最后放上火龙果翻炒一下，出锅装进火龙果壳内即可（图5-51）。

5.3.1.2　火龙果多丸甜品

（1）原料

火龙果100g，糯米粉100g，牛奶、白糖适量。

（2）做法

把糯米粉加水揉成小丸子，把做好的丸子放入烧开的水中煮5～10min，捞出后用水冲洗一次；把火龙果去皮切丁，把冲洗好的丸子码到盘子里，放入火龙果，加入牛奶和白糖，用红糖点缀即可（图5-52）。

5.3.1.3　火龙果芹菜炒鱼饼

（1）原料

火龙果1个，鱼胶150g，芹菜1/4棵，胡萝卜1/2根，食盐1茶匙，生抽1/2汤匙，植物油2汤匙，生粉5g，水适量。

（2）做法

平底锅刷一层薄油，烧热，放入鱼胶，摊薄，中小火煎至两面金黄色，盛起，放凉后切成小丁。火龙果清洗干净外皮，从1/5处纵切一刀，用小刀在火龙果肉上划十字花刀，取出果肉，果壳留着当盛器用，在边缘切几刀，让果壳外观合适。胡萝卜削皮后切丁，芹菜清洗后同样切丁；烧热油锅，倒入胡萝卜丁煸炒至软身，在炒的过程中可以适当洒点水，倒入芹菜丁，翻炒至芹菜丁颜色变青绿，放盐调味后盛起备用。煎熟切丁的鱼饼倒入锅里，淋入适量生抽，翻炒均匀（鱼胶本身已调味，淋入的生抽不用太多，主要是上色用），倒入刚才炒好的胡萝卜丁和芹菜丁，再倒入火龙果丁，翻炒均匀，生粉加入清水兑成水淀粉，淋入锅里，勾个薄芡，翻炒均匀即可（图5-53）。

5.3.1.4　火龙果西米露

（1）原料

火龙果半个，芒果1个，西米150g，牛奶1瓶，椰奶1盒，蜂蜜适量。

（2）做法

芒果半只切粒，半只削下果肉备用；取火龙果肉也切成粒。将芒果肉放进料理机，倒入椰奶和牛奶，加入适量蜂蜜，开动料理机制成椰奶芒果汁。开水将西米煮至中间有一个小白点时关火，加盖焖几分钟，捞出西米过冷水；将西米和椰奶芒果汁混合均匀，放入挖空的火龙果壳里，冷藏之后口感更好，吃的时候加入芒果粒和火龙果粒即可（图5-54）。

图5-54 火龙果西米露

5.3.1.5 火龙果炒鸡丁

（1）原料

火龙果半个，鸡胸肉1片，鸡蛋清1/3个，色拉油1小勺，花生油1大勺，食盐、鸡精、姜、蒜、淀粉、白糖适量。

（2）做法

鸡胸肉切成丁，加入少许蒜末和姜末，抓捏均匀；加入蛋清，搅拌均匀，加入盐、糖、鸡精、色拉油和干淀粉，搅拌均匀，静置腌制5min以上。火龙果去皮，切成丁备用。热锅热油，大火，下鸡丁翻炒，待鸡丁一变色，立即烹入少许料酒，翻炒均匀；下火龙果丁，轻轻翻炒两下，再晃动几下炒锅，立即起锅装盘（图5-55）。

图5-55 火龙果炒鸡丁

5.3.1.6 火龙果炒鱼球

（1）原料

鲈鱼半条，火龙果半个，西芹3根，胡萝卜半根，腰果、色拉油、食盐、鸡精、料酒、生粉、胡椒粉适量。

（2）做法

将所有食材清洗干净。平底锅中放少许油，小火加热，放入腰果，慢煎至两面金黄香脆，关火备用。鱼沿尾部紧贴着骨头把半边鱼身片下来，再将鱼身上的刺剔除后将鱼肉切成条状，成条的鱼肉切成1cm左右的鱼丁，放入大碗中，调入少许盐、鸡精、胡椒粉、料酒、生粉抓匀腌制10min，炒制前再倒少许油拌匀。火龙果一剖为二，用勺子把果肉挖下来，切成鱼丁大小的丁；壳留着做盛器。胡萝卜、西芹切大小一致的丁，锅中放水烧开滴入两滴油后，放入胡萝卜丁及西芹丁汆水，捞出过冷水，控干水分备用。锅中多放些油烧热后，倒入腌制好的鱼丁滑炒至颜色变白，即关火用余温滑炒至八成熟盛出备用；用剩余的底油烧热后倒入胡萝卜丁和西芹丁翻炒，炒几下后，倒入滑炒好的鱼丁及火龙果丁一同再翻炒，调入盐和鸡精拌匀后，倒入湿淀粉水勾芡至合适的黏稠度，最后出锅前倒入炸好的腰果拌匀，盛入火龙果壳中即可（图5-56）。

图5-56 火龙果炒鱼球

5.3.1.7 火龙果番茄牛肉丸

（1）原料

牛肉丸250g，火龙果1个，胡萝卜2根，洋葱1个，番茄酱1袋，色拉油、食盐、白糖适量。

（2）做法

火龙果、胡萝卜和洋葱切丁；锅中热油，加入洋葱丁和胡萝卜丁翻炒出香味，然后加入牛肉丸，稍微翻炒；加入番茄酱，少量多次加水，直到水量合适为止，加入盐和糖，收汤装

图5-57　火龙果番茄牛肉丸

图5-58　金针菇拌火龙果

图5-59　火龙果虾球

图5-60　素炒火龙果

盘即可（图5-57）。

5.3.1.8　金针菇拌火龙果

（1）原料

火龙果半个，金针菇300g，柠檬皮5g，番茄酱15g，柠檬汁10mL，橄榄油5mL，白醋5mL，食盐适量。

（2）做法

将用清水浸泡过的金针菇用沸水焯烫2min，挤干水分待用；将火龙果从中切开，一分为二，用勺子将果肉挖出，然后将果肉切成小块。将果肉和金针菇放入大的凉拌碗中，然后加入白醋和盐，拌匀后再倒入橄榄油，再加入柠檬皮和柠檬汁，搅拌均匀。最后倒入前面挖好的火龙果壳中，再加入番茄酱即可（图5-58）。

5.3.1.9　火龙果虾球

（1）原料

火龙果200g，虾仁200g，盐、料酒、淀粉、鸡精、色拉油适量。

（2）做法

虾仁用少许盐和料酒抓匀，再放淀粉抓匀，静置待用。火龙果对半切开，用半圆形小勺挖出果肉成小球状；准备一个小碗，放淀粉加水调成稍薄的水淀粉；腌制好的虾仁里放入少许色拉油，拌匀，以防止入油锅后粘连。锅中放少量油，三成热的时候放入虾仁，滑散，虾仁变色马上倒入火龙果，加少许盐和鸡精快速翻炒几下，放水淀粉，翻匀即可（图5-59）。

5.3.1.10　素炒火龙果

（1）原料

火龙果1/2个，胡萝卜2根，土豆1个，食盐、味精、白糖和黑胡椒粉适量。

（2）做法

把火龙果切开，把肉用勺子挖出来，切成小丁，土豆和胡萝卜都切成丁。炒锅里加适量的水煮沸，把胡萝卜丁倒入汆水2～3min，使其变得较软；胡萝卜丁煮至一定火候，将土豆丁放入微汆，把胡萝卜丁和土豆丁一起捞出来沥水，备用。炒锅里加适量的油，烧至八成热，倒入胡萝卜丁和土豆丁先煸炒几下，再加入少量的水，加入适量的白糖，煮至汁水沸腾，倒入火龙果丁；最后再加入适量的盐、味精和黑胡椒粉，调味即可（图5-60）。

5.3.2 菠萝

5.3.2.1 菠萝咕咾肉

（1）原料

猪里脊肉100g，菠萝半个，青椒1个，红椒1个，冰糖1勺，鸡蛋清1个，花生油、胡椒粉少许，番茄酱1大勺，酱油、盐、淀粉、面粉适量。

（2）做法

猪里脊肉两面改刀，切小块，用酱油、盐、胡椒粉、鸡蛋清腌半小时备用；菠萝切块，加冰糖煮成冰糖菠萝；青椒、红椒洗净、切块；把适量淀粉、面粉混匀。炒锅倒油，同时把腌好的猪里脊肉在淀粉、面粉里滚一下，下热油锅里炸，稍定形，快速出锅，稍冷再复炸一次，炸到焦黄色即可。另起油锅，炒青红椒块，倒入一小碗冰糖菠萝，倒入炸好的猪里脊肉块，加番茄酱一大勺，盖锅盖大火收汁，煮至汤汁黏稠，出锅即可（图5-61）。

图5-61　菠萝咕咾肉

5.3.2.2 菠萝炒牛肉

（1）原料

牛肉200g，菠萝300g，青椒1/2个，红椒1/2个，生抽两茶匙，老抽1/4茶匙，糖1/2茶匙，料酒1茶匙，胡椒粉1/4茶匙，玉米淀粉、沙拉油、麻油适量。

（2）做法

菠萝切块，泡入盐水中，青红椒切块；牛肉逆纹均匀地切成薄片，放生抽、老抽、糖、料酒和胡椒粉，以及适量的水，以水能完全浸入肉里为宜。待水分吸干，加玉米淀粉、沙拉油拌匀，放置约30min；炒锅加油，待油温三四成热，滑炒牛肉片；炒好后重新起锅，放少许姜丝和蒜头，爆香后下青红椒块，稍翻炒，点入精盐，翻锅至七八成熟；倒入菠萝，稍炒几下，倒入滑炒过的牛肉，加料酒，撒少许胡椒粉，炒匀，加入几滴麻油，翻炒几下即可（图5-62）。

图5-62　菠萝炒牛肉

5.3.2.3 菠萝鸡丁

（1）原料

菠萝100g，鸡胸肉200g，红椒、尖椒各50g，生抽、番茄酱、生粉适量。

（2）做法

鸡胸肉切块，加入生粉、生抽、少许油抓匀，腌制15min以上。菠萝切成与鸡胸肉等大的块，放入淡盐水中浸泡15min左右；红椒、尖椒分别洗净，切成块。腌制好的鸡胸肉以及红椒、尖椒、菠萝放入料理盒，盖上盒盖，送入微波炉，700W微波火力加热3min，放入番茄酱，充分拌匀，最后700W微波火力加热2min即可（图5-63）。

图5-63　菠萝鸡丁

5.3.2.4　菠萝饭

（1）原料

糯米饭（蒸熟）250g，鲜菠萝1个，大枣1个、枸杞3颗。

（2）做法

先将鲜菠萝直立切开一个小盖，盖子留下备用，用小刀将其肉挖出，切成1cm大小的丁；然后将菠萝丁浸入盐水3min，捞出过凉开水，沥干水分。熟糯米饭与菠萝丁拌匀，装入菠萝壳中，加大枣1个、枸杞3颗，盖上菠萝盖，入蒸锅蒸30min，取出即可（图5-64）。

图5-64　菠萝饭

图5-65　菠萝炖排骨

图5-66　菠萝培根卷

图5-67　菠萝鸭

5.3.2.5　菠萝炖排骨

（1）原料

排骨250g，菠萝半个，青椒、红椒、黄椒各1/4个，蒜、姜、酱油、料酒、盐、油适量。

（2）做法

排骨洗净后加盐、料酒、酱油适量拌匀腌30min；菠萝切块，放入淡盐水稍浸泡；彩椒切小块；姜蒜切片。热油锅，炒香姜蒜，然后倒入排骨炒至变色后，加少量酱油和盐炒匀；加小半碗水，把菠萝块倒在上面，加盖转小火焖至收汁，最后加入彩椒炒均匀即可（图5-65）。

5.3.2.6　菠萝培根卷

（1）原料

培根5片，菠萝1/3个，烧烤汁1汤匙，红糖半匙。

（2）做法

培根切半，菠萝切成10块合适大小的块；烧烤汁和红糖拌匀，培根两面刷一层汁；用培根卷起菠萝块，接口处在下，摆在烤网上；预热烤箱，上下火200℃，将培根卷放入中下层烤15min即可（图5-66）。

5.3.2.7　菠萝鸭

（1）原料

鸭肉400g，菠萝半个，葱2根，生姜5片，蚝油1汤匙，酱油1.5汤匙，料酒两汤匙，白糖、油少许。

（2）做法

鸭洗净剁块，菠萝处理好切小块，葱切小段，姜切片。锅中烧开水，放入鸭块焯至变色，捞出控干水分；备好蚝油、酱油、料酒、白糖等料汁；锅加少许油烧热，底上先放入葱和姜片，然后分别码入鸭块和菠萝块，倒入备好的料汁，加盖煮约40min即可（图5-67）。

5.3.2.8 菠萝苦瓜汤

（1）原料

菠萝100g，苦瓜200g，胡萝卜60g，盐少许。

（2）做法

胡萝卜去皮切片，菠萝切片，苦瓜去籽切片；锅中加4碗水，加入苦瓜片、菠萝片和胡萝卜片，中火烧开，再转小火将材料煮熟，加盐调味即可（图5-68）。

图5-68　菠萝苦瓜汤

5.3.2.9 菠萝咕咾豆腐

（1）原料

豆腐400g，鸡蛋1个，彩椒1个，菠萝半个，番茄酱两勺，生抽、白糖、醋、料酒、花椒水、盐、鸡精、淀粉和面粉少许。

（2）做法

菠萝切块，加冰糖煮成冰糖菠萝备用；豆腐切块，水煮开，把切好的豆腐焯一下去豆腥味。鸡蛋打散，加少许干淀粉和面粉，打成鸡蛋面糊；豆腐先裹上鸡蛋面糊，再过干淀粉，入锅炸制淡金黄色出锅；锅内油不出，继续开火，复锅再次炸制一遍，让外壳吃起来更酥脆。锅内倒入少许油，加入生抽、白糖、番茄酱、醋、料酒、花椒水、盐、鸡精，倒入湿淀粉，做成酸甜汁，倒入炸好的豆腐翻炒，最后倒入菠萝和彩椒块，翻炒均匀即可（图5-69）。

图5-69　菠萝咕咾豆腐

5.3.2.10 菠萝玉米养生粥

（1）原料

菠萝150g，枸杞10g，玉米粒50g，糯米100g，冰糖适量。

（2）做法

糯米和枸杞淘洗干净，菠萝切小块备用；锅里放入水，倒入糯米及玉米粒，中火煮开，小火熬煮30min左右。待糯米煮开花了，开始变黏稠，放入菠萝块，倒入冰糖，加入枸杞，再熬煮5min关火就即可（图5-70）。

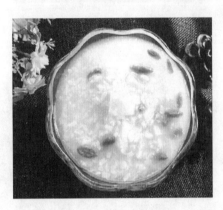

图5-70　菠萝玉米养生粥

5.3.3 番木瓜

5.3.3.1 木瓜排骨汤

（1）原料

番木瓜100g，猪大排300g，姜、葱20g，料酒适量。

（2）做法

番木瓜去皮去籽，切块，猪大排洗净，葱切段，姜去皮切片备用。锅内放入适量水，将猪大排、姜片、葱段、料酒一起放进水中，大火烧开后焯煮2min，猪大排捞出备用。另起砂锅，放入足量水，放入焯水的猪大排和姜片，大火烧开后，转小火慢煨。待排骨汤慢炖

图5-71　木瓜排骨汤

图5-72　木瓜炖雪蛤

图5-73　凉拌青木瓜

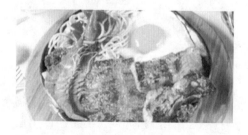

图5-74　木瓜炖牛排

90min后，加入番木瓜块，继续炖煮30min；起锅前，加入适量的食盐调味即可（图5-71）。

5.3.3.2　番木瓜炖雪蛤

（1）原料

干雪蛤5g，番木瓜1个，冰糖20g，椰浆、枸杞、姜片少许，牛奶适量。

（2）做法

泡发干雪蛤2h，剔除黑色筋膜，换水，加入姜片继续泡发，5～6h后换水一次，继续泡12～24h，用漏勺捞出，放入炖盅。往炖盅加冰糖、枸杞，添加少许水；盖盖子大火烧开后，改小火隔水炖1h左右。取一个新鲜成熟的木瓜，去心，将炖好的雪蛤盛入木瓜中，继续上笼蒸20min，出锅后加椰浆、牛奶即可（图5-72）。

5.3.3.3　凉拌青木瓜

（1）原料

青木瓜1个（未成熟番木瓜），红小米辣3个、柠檬1个，胡萝卜1/3根，酱油、青葱、大蒜、香菜、糖、花生适量。

（2）做法

番木瓜、胡萝卜去皮切丝，加适量的盐抓软，静置5min出汁。红小米辣、青葱切碎，蒜瓣切末，香菜洗净、切小段，柠檬取汁，花生焙香捣成粗粒碎；将红小米辣、青葱、蒜，香菜、糖、柠檬汁及酱油混匀，番木瓜、胡萝卜丝倒掉多余水分，拌入混匀佐料，撒上花生碎即可（图5-73）。

5.3.3.4　木瓜炖牛排

（1）原料

番木瓜1个，牛排200g，鸡蛋1个，蒜末、辣椒少许，玉米粉、蚝油、太白粉、高汤、米酒适量。

（2）做法

用盐、玉米粉和鸡蛋，将牛排先腌4h，再将牛排切成条状备用；将番木瓜去皮、去心切成条状，先用小火过油备用。起油锅爆香蒜末、辣椒后，将牛排下锅，再加入蚝油、高汤和少许米酒；最后，用太白粉勾芡，再加入番木瓜拌炒一下即可（图5-74）。

5.3.3.5 木瓜鲜鱼汤

（1）原料

番木瓜1个，鲜草鱼1条，干百合50g，胡萝卜1个，党参50g，姜少许。

（2）做法

干百合提前12h泡发备用；鲜草鱼整理干净，番木瓜洗净去皮去核切成块，胡萝卜切成与番木瓜大小一致的块；待水开后将所有原料放入锅内，然后用文火炖两个小时即可（图5-75）。

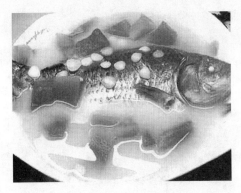

图5-75 木瓜鲜鱼汤

5.3.3.6 木瓜炒肉丝

（1）原料

番木瓜半个（七成熟，未软），肉片，蒜蓉、食盐、鸡精、淀粉适量。

（2）做法

番木瓜去皮去籽，切丝；肉片切丝，放适量的淀粉，拌匀。锅里放油，温热后放入蒜蓉爆香，放入番木瓜翻炒，当番木瓜颜色变成深黄色时，放入肉丝，翻炒后加入盐及鸡精，收汁后即可出锅（图5-76）。

图5-76 木瓜炒肉丝

5.3.3.7 木瓜猪蹄汤

（1）原料

番木瓜半个，猪蹄1只，红枣（干）6个，葱白、食盐、姜片、料酒少许。

（2）做法

番木瓜去皮去籽，洗净切大块，锅里放水加少许料酒（去异味），放猪蹄焯水后洗干净备用。砂锅内放水，将猪蹄和红枣、姜片、葱白一起放入；大火煮开，撇去浮沫，小火慢炖1.5h左右，加番木瓜，再炖30min左右，关火前5min加盐即可（图5-77）。

图5-77 木瓜猪蹄汤

5.3.3.8 木瓜酥

（1）原料

飞饼皮2张，番木瓜半个，鸡蛋1个，白糖、黑芝麻适量。

（2）做法

番木瓜切小丁，拌入白糖作为馅料。两张飞饼皮室温解冻后，揉成面团，搓成长条状，分成6个等量的小剂子；取一个小剂子按扁，擀成圆形面皮，包入适量的木瓜馅，收口捏紧，整形成圆形，放入蛋挞模具内，表面刷蛋液，撒适量黑芝麻，烤箱180℃，烤25min即可（图5-78）。

图5-78 木瓜酥

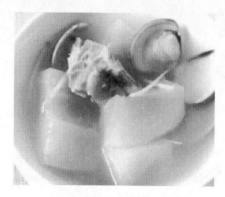

图5-79 青木瓜蛤蜊排骨汤

5.3.3.9 青木瓜蛤蜊排骨汤

（1）原料

青木瓜半个，蛤蜊20颗，排骨150g，姜、盐适量。

（2）做法

排骨沸水汆烫，洗净备用；蛤蜊吐沙后洗净备用；青木瓜削皮、去籽、切块，姜切丝。将青木瓜、排骨、姜丝、水放入汤锅中熬煮，先以大火煮开，再转小火炖约30min，煮熟后加入蛤蜊煮开，再加盐调味即可（图5-79）。

5.3.3.10 木瓜猕猴桃蛋挞

（1）原料

淡奶油140g，番木瓜碎块，猕猴桃1个（切小块），蛋挞皮9个，牛奶110g，白糖30g，蛋黄2个，低粉10g。

（2）做法

先将淡奶油、牛奶、白糖放在小锅里，用小火加热，边加热边搅拌，至白糖溶化离火，放凉备用；把低粉过筛，加入冷却淡奶油、牛奶中，加入蛋黄，拌匀制成蛋挞水；然后用筛子将制成的蛋挞水过滤，将蛋挞皮放入烤盘中，将番木瓜和猕猴桃碎块也放在里面，再将蛋挞水倒入蛋挞皮中。烤箱预热，220℃烤20min左右即可（图5-80）。

图5-80 木瓜猕猴桃蛋挞

5.3.4 柠檬

5.3.4.1 傣味柠檬鸡

（1）原料

乌鸡半只（1000g左右），青柠檬5个，红小米辣8个，大芫荽、香菜各50g，大蒜20g，酱油适量。

（2）做法

用凉水把乌鸡煮熟备用；大芫荽、香菜洗净切碎；柠檬剖开挤汁，把大蒜拍碎、红小米辣切圈后泡入柠檬汁中，把凉好的鸡去骨撕细后倒入柠檬汁，加入切好的香菜、大芫荽，拌匀，放入适量的酱油、食盐、鸡精即可（图5-81）。

5.3.4.2 清蒸柠檬鱼

（1）原料

鲈鱼1条，柠檬2个，红辣椒3根，香菜叶少许，蒜头6颗，香菜茎50g，鱼露3大匙，糖2大匙，柠檬汁3大匙。

（2）做法

将鲈鱼洗净，剖开腹部，背部则不切断，将鱼摊开放在盘子上，放入蒸锅内，蒸约10min；将红辣椒、

图5-81 傣味柠檬鸡

蒜头、香菜茎切匀成细末，和糖、柠檬汁先混合拌匀，再淋在蒸好的鱼上，再蒸3min后取出。柠檬切片排盘，最后撒上香菜叶即可（图5-82）。

5.3.4.3 香煎柠檬鸡

（1）原料

鸡胸肉1片，柠檬5个，鸡蛋1个，盐、干淀粉、吉士粉、面包糠适量。

（2）做法

将鸡胸肉切厚片，正反两面划浅斜刀，不划透，再淋上5mL的柠檬汁，加入盐、打散的蛋液、干淀粉和吉士粉，搅拌均匀腌制鸡胸肉10min。腌制好后将鸡胸肉片双面蘸上面包糠；平底煎锅倒入植物油，油温四成热，放入鸡胸肉，小火煎至双面金黄色，沥油捞出，稍凉后，切成长条装盘。锅洗净，倒入45mL的柠檬汁小火加热，待冒泡后放入白糖、盐搅匀后煮开，浇入水淀粉勾芡，浇入鸡肉中即可（图5-83）。

5.3.4.4 柠檬可乐鸡翅

（1）原料

鸡中翅10个，可乐半瓶，柠檬2个，葱、姜、盐、料酒、酱油各适量。

（2）做法

鸡翅洗净，葱姜切大片，柠檬切两半。先用牙签给洗净的鸡翅扎孔，孔越多越好，方便入味。扎好孔的鸡翅用酱油、葱姜片、盐、料酒和适量柠檬汁腌30min以上。然后把腌过的鸡翅放入五成热油锅中炸3～4min，至外皮金黄色后即可捞出。炸好的鸡翅和之前腌鸡翅的料再加半瓶可乐一起放入炒锅中大火烧开，转小火炖，小火炖至汁快收干时改大火收汁，再滴上柠檬汁即可（图5-84）。

5.3.4.5 百里香柠檬烤鸡

（1）原料

鸡1只，百里香1把（约8根），柠檬（切片）2个，大蒜，橄榄油1大匙，奶油（切小块）30g，盐、黑胡椒适量。

（2）做法

先将鸡洗净，用纸巾擦干鸡身和鸡肚内的水分，将一部分的百里香、柠檬和大蒜塞入鸡肚内，将其余的百里香、柠檬和大蒜夹在鸡翅和放在鸡身上，再撒上橄榄油、盐和黑胡椒；然后放上奶油，

图5-82 清蒸柠檬鱼

图5-83 香煎柠檬鸡

图5-84 柠檬可乐鸡翅

图5-85　百里香柠檬烤鸡

图5-86　柠檬嫩牛肉

图5-87　柠檬酸辣鸭

图5-88　柠檬蘸水

放入已预热180℃的烤箱中，烘烤90min；最后出炉后静置15min即可（图5-85）。

5.3.4.6　柠檬嫩牛肉

（1）原料

牛肉片250g，柠檬半个、洋葱丝50g、大黄瓜丝50g、西红柿丁30g、香菜末少许、柠檬汁10mL、盐、鲜鸡粉、糖适量。

（2）做法

将柠檬洗净，去皮去籽后，切成小丁状备用。将牛肉片用沸水氽烫，取出后迅速放入冰水中泡2min，捞起后沥干水分，把牛肉片、柠檬丁及其他材料和调味料一起搅拌均匀，盛入盘中即可上桌食用（图5-86）。

5.3.4.7　柠檬酸辣鸭

（1）原料

鸭腿1只，柠檬1个，辣椒2个，姜2片，食盐1匙，料酒适量。

（2）做法

鸭腿洗净，待用。锅置火上，倒入清水，加入料酒、姜、盐，烧开转小火；放入鸭腿，煮10min，捞出放入事先准备好的冰水里，待凉，捞出，沥干水分备用；辣椒洗净，切成圈，姜切成末，把辣椒圈、姜末、盐放入碗中，同时把柠檬汁挤入碗中备用。炒锅置火上，放入油烧至六成热，关火，把烧热的油倒入盛放佐料的碗中，搅拌均匀；鸭腿切成块，把调好的佐料汁浇在上面即可（图5-87）。

5.3.4.8　柠檬蘸水

（1）原料

新鲜柠檬2个，红小米辣6个，紫皮大蒜2个，大叶芫荽、香菜、盐、味精适量。

（2）做法

红小米辣切碎，大蒜拍碎，大叶芫荽、香菜切碎，放入碗中并挤入新鲜柠檬汁，加入适量的水和盐、味精搅拌即可食用。也可作为清蒸罗非鱼、熟牛肉片、熟牛肚片、拍黄瓜、莴笋细丝或包白菜等的蘸料食用（图5-88）。

5.3.5　酸木瓜

5.3.5.1　酸木瓜鸡

（1）原料

乌骨鸡1只，火腿100g，酸木瓜1个，土豆100g，草果、八角、生姜、大蒜、小米辣、花椒、盐等适量。

（2）做法

将乌骨鸡处理干净，剁成大块；酸木瓜去籽，切成薄片，火腿切片；土豆去皮切大块。把配料放进滚烫的油锅炒，一直翻炒3min左右，将火腿放入锅中继续翻炒几分钟，放入剁成块的鸡，继续翻炒。等鸡炒至半熟时，加入适量的水，放入酸木瓜、土豆块，盖上锅盖焖煮，大概焖煮30min即可（图5-89）。

图5-89　酸木瓜鸡

5.3.5.2　酸木瓜煮鱼

（1）原料

草鱼1条，青酸木瓜2个，豆腐200g，土豆200g，料酒、酱油、淀粉、青辣椒、青花椒、八角粉、五香粉、食盐、香葱、大蒜、姜片适量，香菜少许。

（2）做法

酸木瓜、豆腐和土豆切片，草鱼去鳞和内脏，洗净，鱼肉放入料酒、酱油、淀粉、香葱、大蒜、姜腌制2h。水开后放入鱼，然后放入酸木瓜、土豆、豆腐、香菜、青辣椒、青花椒、八角粉、五香粉、盐、味精即可（图5-90）。

图5-90　酸木瓜煮鱼

5.3.5.3　酸木瓜猪脚汤

（1）原料

猪蹄500g，干酸木瓜片20g，草果1个，姜1块，豆蔻、黄酒、盐适量。

（2）做法

先将猪蹄洗干净砍成小块，冷水入锅，倒入适量黄酒焯一下水；然后把焯好水的猪蹄放入锅内，加入准备好的干酸木瓜片、姜块、草果和豆蔻，加入适量水，放入适量的盐和两匙黄酒，炖至猪蹄软烂即可（图5-91）。

图5-91　酸木瓜猪脚汤

5.3.5.4　酸木瓜酒

（1）原料

酸木瓜600g，冰糖200g，米酒600g。

（2）做法

酸木瓜洗净，晾干表面水分，切去头尾，切开后去籽，再切成小片；以一层酸木瓜片、一层冰糖的方式放入广口玻璃瓶中；再倒入米酒，然后封紧瓶口，放置于阴凉处。酸木瓜酒静置浸泡3个月后，即可开封，滤渣装瓶饮用。

酸木瓜酒香气浓烈，非常爽口，直接饮用，或加水稀释，或搭配其他水果酒、洋酒都十分合适；还有消除疲劳、整肠等功效，对于腹泻、腹痛者也有作用。

5.3.6 榴莲

5.3.6.1 腊味榴莲炒饭

（1）原料

熟米饭1碗，榴莲（果肉不含核）100g，腊肠1根，豆苗50g，白糖5g，盐、坚果仁适量。

（2）做法

榴莲去核后将果肉放入搅拌机中打成细茸，然后取出和米饭充分混合均匀，最好能腌制30min。锅中放入少量油，烧到三成热，放入腊肠粒，小火炒出香味，放入腌好的榴莲米饭，用筷子不停翻炒均匀，让米粒松散；在米饭中加入白糖和盐调味，如果米饭结块很难炒散的话，再加入盐后加盖子微微焖30秒，米饭吸收水分后就比较容易拌匀。米饭炒熟后，出锅前放入豆苗拌匀，食用前撒上果仁即可（图5-92）。

图5-92 腊味榴莲炒饭

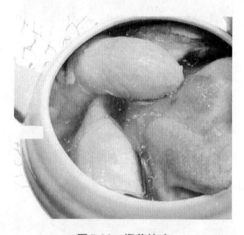

图5-93 榴莲炖鸡

图5-94 榴莲豆腐冻

5.3.6.2 榴莲炖鸡

（1）原料

榴莲半个，鸡1只，姜片10g，核桃仁50g，红枣50g，清水约用1500g，盐适量。

（2）做法

鸡洗干净去皮，放入沸水中，浸约5min，剁成大块。核桃仁用水浸泡，去除油味；红枣洗净去核；榴莲取嫩皮，即壳内白瓤部分。可取果肉，可取汁，把外皮切小（因为味道比较重，少放一点为好）。把鸡、姜片、核桃仁、红枣、榴莲皮与榴莲肉一同放入锅内的沸水中，加姜片，用猛火煮沸后，改用文火煮3h，加盐、少量味精调味即成（图5-93）。

5.3.6.3 榴莲豆腐冻

（1）原料

榴莲200g，牛奶200g，鱼胶粉8g，白糖1小勺。

（2）做法

鱼胶粉用少许凉开水隔水加热溶解至完全透明备用。牛奶小火煮开，加入一小勺白糖调至适合自己的口味，加入鱼胶粉溶液，搅拌均匀，放凉至5℃左右，榴莲用汤匙搅拌成蓉，倒入牛奶中搅拌均匀，把混合的榴莲牛奶装入保鲜盒中，铺一层保鲜膜，盖上盖子，放在冰箱里冷藏，2h后取出，奶糊已经凝固成豆腐状时即可（图5-94）。

5.3.6.4 榴莲酥

（1）原料

飞饼皮1袋，榴莲肉100g，糖少许，鸡蛋1个，黑芝麻少许。

（2）做法

鸡蛋打散、榴莲肉去核压成泥状。飞饼皮拿出解冻，下面可以放一层保鲜膜防粘，用刀切成四份，放上榴莲肉、少许糖，对角折好，用叉子把边压上，刷上蛋液，撒上少许黑芝麻，烤箱预热200℃，烤15min至表面金黄色即可（图5-95）。

图5-95　榴莲酥

5.3.6.5　榴莲糯米糍

（1）原料

糯米粉200g，奶粉20g，糖30g，榴莲肉适量，椰蓉、油适量。

（2）做法

把糯米粉、糖、奶粉倒入碗中，用适量的水和匀，盆中抹油，放入糯米面团，放入高压锅中隔水蒸，蒸25min。蒸熟后，将榴莲肉分为小块，取一块面团，放上榴莲肉，慢慢包好，包好后，在椰蓉里滚一下即可（图5-96）。

图5-96　榴莲糯米糍

5.3.6.6　榴莲班戟

（1）原料

榴莲300g，班戟粉150g，鸡蛋4个，砂糖30g，奶粉30g，淡奶油适量。

（2）做法

所有班戟粉、鸡蛋、砂糖、奶粉，用白开水和成面糊。平底锅烧热后，用小火，不用放油，用小汤勺将面糊倒入锅中，快速转动，摊成饼状，依次把摊好的饼皮放入碟中放凉，备用。接着，把榴莲和成泥状，把淡奶油打发，在饼皮上放一层淡奶油，放一层榴莲，再放一层淡奶油，包成方形即可（图5-97）。

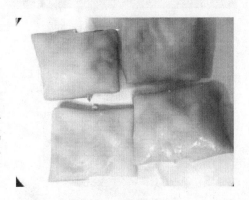

图5-97　榴莲班戟

5.3.6.7　榴莲冰淇淋

（1）原料

榴莲肉200g，鸡蛋2个，牛奶200mL，淡奶油200mL，白糖50g。

（2）做法

将榴莲肉用勺子压成糊；鸡蛋取蛋黄，在牛奶中加入蛋黄和白糖，用打蛋器充分搅打均匀，入锅小火加热，一边加热一边搅拌，直至溶液黏稠；加入压好的榴莲糊，搅拌均匀，倒入淡奶油，搅拌均匀成冰淇淋液；把提前12h冷冻好的冰淇淋内桶放入外桶中，倒入冰淇淋液，盖好冰淇淋机的盖子，开启电源，搅拌30min，将搅拌好的软冰淇淋放入保鲜盒，放入冰箱冷冻2h即可（图5-98）。

图5-98　榴莲冰淇淋

图 5-99　榴莲饼

图 5-100　葫芦排骨汤

图 5-101　葫芦烙

图 5-102　炒葫芦

5.3.6.8　榴莲饼

（1）原料

榴莲肉、糯米粉、白糖、植物油适量。

（2）做法

将榴莲肉抓成泥，一边加入糯米粉，一边用手揉，直到揉成团，揪出6个小剂子，揉圆，压扁，做成饼坯。平底锅烧热油，放入榴莲饼坯，小火煎至两面金黄色，再用木铲按几下，至饼软软的，有弹性即可（图5-99）。

5.3.7　葫芦

5.3.7.1　葫芦排骨汤

（1）原料

葫芦1只，肉排1条，盐、鸡精适量。

（2）做法

将葫芦去皮切厚片，肉排切大块；加水一起入锅烧开，文火煮2h，放盐、鸡精调味即可（图5-100）。

5.3.7.2　葫芦烙

（1）原料

葫芦400g，菜脯50g，葱1条，花生50g，虾肉100g，薯粉两茶匙，面粉1茶匙，清水1汤匙，盐适量。

（2）做法

葫芦洗净，去皮，刨成细丝；菜脯洗净剁碎，花生炒香去外皮拍碎，葱切成葱花；虾肉洗净，去虾线，抹干，然后用刀背拍碎。把以上材料用大碗盛起，加入盐再搓匀；然后把清水和薯粉及面粉混合，制成面浆，放入碗内，拌匀成瓜浆；把锅烧热后放点儿油，将瓜浆放入锅中，收慢火煎至离锅，反面再煎至熟即可（图5-101）。

5.3.7.3　炒葫芦

（1）原料

葫芦1个，猪肉100g，葱1根，蒜1个，姜、食盐、酱油、料酒、调和油适量。

（2）做法

葫芦切片，猪肉剁成肉末；葱、姜、蒜切碎。锅内热油，下葱、姜、蒜，煸炒出香味，下肉末煸炒，加入切好的葫芦片，加盐、酱油、料酒炒香即可（图5-102）。

5.3.7.4 葫芦水饺

（1）原料

水饺皮500g，猪肉500g，葫芦1个，海虾4只，色拉油、食盐、姜、料酒、生抽、小葱、香菜适量。

（2）做法

葫芦切开，去皮去瓤，擦成细丝，用盐把葫芦丝腌制20min，挤去水分，剁碎，再次挤去水分；猪肉剁碎，虾肉切小丁，姜剁成碎末，小葱和香菜切碎。所有原料混合，添加适量色拉油、盐、料酒、生抽、味精，搅拌均匀即是饺子馅。开始包饺子，包好后下锅煮熟即可（图5-103）。

图5-103　葫芦水饺

5.3.7.5 葫芦西红柿肉汤

（1）原料

瘦肉300g，葫芦1个，西红柿1个，盐、水适量。

（2）做法

肉切片或切丝，快速翻炒至八分熟；西红柿切块，葫芦切片；用热油把西红柿炒出汁，下葫芦片和肉翻炒，加水略焖，加盐即可出锅（图5-104）。

图5-104　葫芦西红柿肉汤

5.3.8　蛇豆

5.3.8.1 五彩蛇豆

（1）原料

蛇豆1根，胡萝卜1根，木耳100g，红椒半个，蒜片、油适量。

（2）做法

蛇豆削去外皮，去掉瓜瓤，切丝；胡萝卜、木耳、红椒切丝。油爆香蒜片，全部原料急火快炒至熟即可（图5-105）。

图5-105　五彩蛇豆

5.3.8.2 清炒蛇豆

（1）原料

蛇豆1根，红辣椒50g，油、盐、味精、醋各适量。

（2）做法

把蛇豆去皮、去瓜瓤，洗净后切滚刀块；红辣椒切成圈状。炒锅烧热后倒入适量油，油热后先放入红辣椒煸炒，然后放入蛇豆煸炒均匀；炒至蛇豆稍许塌秧，加盐、味精调味；加少许水煨制1～2min，至蛇豆熟透。最后滴几滴醋提香，即可关火出锅（图5-106）。

图5-106　清炒蛇豆

5.3.8.3 蛇豆洋葱馅饼

（1）原料

蛇豆1根，肉馅300g，自发粉和的面500g，洋葱100g，香油、盐适量。

图5-107 蛇豆洋葱馅饼

图5-108 蛇豆炒肉丝

图5-109 陈醋蛇豆

图5-110 红油蛇豆

（2）做法

先把蛇豆切细丝，再切小细丁放盆内；然后把洋葱切丝也切成小碎丁和蛇豆丁放在一起，用盐杀水。肉馅拌好待用，洋葱、蛇豆丁挤水和拌好的肉馅放在一起，放香油、盐拌匀成馅，面和好放20min，面分成剂子，擀皮包馅做成馅饼坯子放在电饼铛里，盖上盖子，3～4min即可（图5-107）。

5.3.8.4 蛇豆炒肉丝

（1）原料

蛇豆1根，猪瘦肉150g，红椒1个，姜、蒜、淀粉、胡椒、洋葱、盐适量。

（2）做法

蛇豆洗净切断、剖开，把瓤和籽掏干净后切丝；红椒切丝，姜切丝，蒜拍破；猪瘦肉切丝，用盐、淀粉拌好。蛇豆丝入开水焯至八成熟；锅里放油烧热，将肉丝滑散盛起；锅中余油爆香姜、蒜，倒入焯好的蛇豆煸炒，放入盐、胡椒，炒匀，倒入肉丝翻炒匀，加入红椒、洋葱，翻炒均匀，蛇豆熟透，调味即可（图5-108）。

5.3.8.5 陈醋蛇豆

（1）原料

蛇豆1根，陈醋50mL，盐、味精、调和油适量。

（2）做法

蛇豆去皮、洗净、切条；锅中加水，烧开，滴几滴调和油。放入蛇豆条焯熟，捞出放入盆中，趁热加盐、味精调味，拌匀后，腌渍5min左右，把腌渍好的蛇豆条摆入盘中；浇上陈醋，拌匀即可（图5-109）。

5.3.8.6 红油蛇豆

（1）原料

蛇豆300g，葱、姜、盐、醋、味精、调和油、酸甜辣椒酱适量。

（2）做法

把蛇豆去皮，洗净，切条。起锅热油、爆香葱姜，放入蛇豆煸炒，放入酸甜辣椒酱煸炒，至蛇豆塌秧，放入盐、味精调味，加少许水煨制1min，点几滴醋提香，出锅装盘即可（图5-110）。

5.3.8.7 蛇豆炒鱿鱼

（1）原料

蛇豆1根，鱿鱼丝200g，料酒20mL，生抽

20mL，蚝油50mL，番茄酱50g，黑木耳50g，红尖椒半个，香菇2朵，葱、姜、蒜、盐、鸡精、淀粉、调和油适量。

（2）做法

用水泡发黑木耳和香菇；在鱿鱼丝中放入葱、姜、蒜末，倒入料酒，加少许盐、淀粉，充分拌匀，腌制10min以上。黑木耳、红尖椒和香菇切丝，待用。热锅上油，倒入腌好的鱿鱼丝，大火，快速翻炒均匀；加入番茄酱，加入蚝油、生抽，加少许热水，盖锅2min，连汤带汁盛出备用。另起油锅，倒入蛇豆条，倒入木耳丝、香菇丝和红椒丝，大火，翻炒均匀，倒入少许泡香菇的水，提味增鲜；将鱿鱼丝连汤带汁一并倒入，待入味，加少许鸡精，出锅即可（图5-111）。

图5-111　蛇豆炒鱿鱼

5.3.9　海棠果

5.3.9.1　海棠脯

（1）原料

海棠果500g，砂糖500g，清水适量。

（2）做法

将海棠果洗净，沥水，用刀剜去果托，用牙签将海棠果周身扎些小眼以便糖渍入味。锅中倒入砂糖、清水，大火烧至沸腾，将糖水趁热拌入海棠中，拌匀，腌2h以上；将腌海棠浸出的汁倒入锅中，用小火加热，再次倒入海棠果中腌制12h以上，将海棠果与糖汁一同倒入锅中，小火加热，待糖汁起小泡，海棠果呈透明状即可关火，将海棠果取出，自然风干2～3天即可食用。

5.3.9.2　海棠果酱

（1）原料

海棠果800g，白糖适量。

（2）做法

把海棠果洗净，用刀切下果肉，弃核；把海棠果肉放入不锈钢锅中，加少许水烧开；熬煮5min左右，加入白糖调味，将其翻拌均匀，继续熬煮至果肉软烂；然后用料理机搅打成果酱，晾凉后即可装瓶保存，装盘即可食用。

5.3.9.3　红酒炖海棠

（1）原料

海棠果500g，水、红酒、冰糖适量。

（2）做法

海棠果用清水洗净，去除底部的蒂，放入锅内，加入红酒，再加入比红酒多3倍的水，刚好没过海棠果即可，加入适量冰糖，大火烧开后盖上盖子，转小火煮15min即可，冷藏以后更美味（图5-112）。

图5-112　红酒炖海棠

5.3.9.4 海棠果糖水

（1）原料

海棠果500g，白糖200g，水适量。

（2）做法

海棠果用清水洗净，去除底部的蒂，放入锅中，加水，加入白糖，盖上盖子后，大火烧开，转小火，大约20min，果肉部分已经煮融到汤汁里面了，晾凉后盛到碗里即可食用。

5.4 园艺植物之根菜类美食

根菜类蔬菜的肉质根属于变异器官，具有储藏养分的功能，含有丰富的维生素、碳水化合物，以及钙、磷、铁等营养物质，营养丰富，食法多样，可制成各种加工制品。根类食物与其他类蔬菜相比，农药残留较低，具有其他蔬菜所共有的营养价值，而且富含碳水化合物，可以替代一部分主食；根类蔬菜蛋白质含量为1%～2%，脂肪含量不足0.5%，碳水化合物含量相差较大，为3%～20%；根类食物含有较高的膳食纤维，约2%，具有通便作用；根类食物的烟酸含量均较谷类食物高，是日常以精白米面作为主食的重要补充。

5.4.1 折耳根

5.4.1.1 凉拌折耳根

（1）原料

折耳根250g，酱油、花椒粉、新鲜小米辣适量。

（2）做法

把折耳根的根须，老的去掉，择成小节，洗干净，切段，加入切碎的小米辣、花椒粉，倒入酱油腌制10min即可。

5.4.1.2 折耳根醉虾

（1）原料

大虾350g，折耳根100g，泡椒50g，花生油100g，料酒3勺，白酒3勺，郫县豆瓣酱3大勺，红辣椒丝10g，鲜汤适量，香菜、盐、鸡精、花椒、大料适量。

（2）做法

大虾清理干净，加入白酒、料酒拌匀，浸泡5min至虾醉，折耳根切成节状备用。锅置火上，油烧制五成热，加入花椒、大料翻炒爆出香味，迅速捞出；锅底留少许油，加入郫县豆瓣酱、泡椒、红辣椒丝炒香，加入鲜汤，大火烧沸后加入盐、鸡精；最后加入折耳根和已醉的大虾，加热2min后，放少许香菜即可（图5-113）。

图5-113 折耳根醉虾

5.4.1.3 折耳根炒肝丝

（1）原料

猪肝500g，折耳根200g，青椒2个，葱1根，料酒、老抽、胡椒粉、淀粉、盐、糖、生抽适量。

（2）做法

折耳根清洗干净切段，青椒切丝，葱切成苞花，待用。猪肝切丝，加1大勺盐，加水清洗至无血水；

将肝丝淋水放入碗中，加料酒、生抽、老抽、盐、胡椒粉、淀粉抓均匀。炒锅烧热润锅，温油肝丝下锅，划散后出锅。锅底留少许油，爆香葱花，下青椒丝翻炒，将肝丝回锅，翻均匀后加上折耳根、糖、盐、生抽调味，翻均匀出锅（图5-114）。

图5-114　折耳根炒肝丝

5.4.1.4　折耳根炒腊肉

（1）原料

折耳根300g，腊肉100g，蒜苗2根，大蒜、干辣椒、花椒粉少许，油、盐适量。

（2）做法

折耳根洗净泥土并摘除根须，掐成小段；腊肉洗净切薄片；蒜苗斜切成段，蒜瓣切片，干辣椒切段。在炒锅中放少量的油，小火加热，放入腊肉片煸炒，把油煸出来，腊肉变得透明起卷，把腊肉推至锅边；下干辣椒炒至辣椒变成浅棕色，放折耳根，先不要和腊肉混合，在折耳根上放适量盐，炒匀，放入蒜片，把腊肉和折耳根和匀稍炒，快起锅时撒少许花椒粉，最后放入蒜苗炒匀出锅（图5-115）。

图5-115　折耳根炒腊肉

5.4.1.5　酸菜折耳根

（1）原料

折耳根300g，酸菜100g，柠檬1个，大蒜、葱、香菜、花椒粉、干辣椒面、盐、白糖、酱油适量。

（2）做法

折耳根洗净泥土并摘掉根须，掐成小段；葱和香菜洗干净切碎，大蒜去皮，拍碎，柠檬取汁。折耳根段里加入香菜、葱、酸菜、盐、花椒、大蒜末、干辣椒面、酱油和柠檬汁，最后加入少许白糖，翻拌均匀即可（图5-116）。

图5-116　酸菜折耳根

5.4.1.6　折耳根炒肉片

（1）原料

折耳根100g，猪里脊肉200g，蚝油1小勺，淀粉1小勺，色拉油、盐、鸡精适量。

（2）做法

折耳根洗净，折成小段，猪里脊肉洗净，切成肉片，放入1小勺淀粉和1小勺蚝油拌匀，腌制至少15min，腌制好的肉片里加点色拉油拌匀。锅烧热，放油，油热后放腌制好的肉片滑炒至肉片变色，马上盛出备用。用炒肉片的余油煸炒折耳根，1～2min即可，倒入已炒好的肉片一起翻炒几下，加一点儿盐和鸡精调好味道即可（图5-117）。

图5-117　折耳根炒肉片

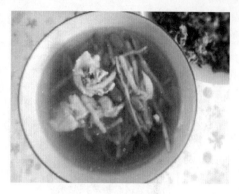

图5-118　折耳根炖排骨汤

图5-119　折耳根肉丸

5.4.2　牛蒡

5.4.2.1　牛蒡煲猪大骨

（1）原料

猪大骨1根，牛蒡1条，胡萝卜2根，生姜1块，食盐、鸡精适量。

（2）做法

胡萝卜洗净切块，牛蒡洗净切块（不要去皮），生姜拍扁。猪大骨冲洗干净，入锅，水煮开后，把头次水倒掉，再加水，把所有材料全部放入汤煲中；加入适量的清水，大火煮开后，小火煲2～2.5h，加食盐和鸡精调味即可（图5-120）。

图5-120　牛蒡煲猪大骨

5.4.1.7　折耳根炖排骨汤

（1）原料

折耳根800g，排骨1000g，生姜50g，枸杞子、食盐、鸡精适量。

（2）做法

排骨剁成块，洗净，入炖锅，加入生姜和适量水大火烧开，撇去血沫，小火炖煮40min；折耳根清水洗净，适当剪短；枸杞子、折耳根下锅，继续炖煮约40min，至折耳根软烂，加食盐、鸡精即可出锅（图5-118）。

5.4.1.8　折耳根肉丸

（1）原料

折耳根100g，五花肉300g，生抽、淀粉、葱花、盐适量。

（2）做法

折耳根洗净，切碎。五花肉剁碎，放入切碎的折耳根一起剁成泥状，放入适量生抽和盐，并剁均匀。剁好的肉泥捏成一个个乒乓球大小的肉丸，摆放在盘中，入蒸锅里中火蒸30min；肉丸蒸熟后把汤汁潷出来放入炒锅里，放入水淀粉勾芡，淋入少许香油搅匀后浇在肉丸上，撒上葱花即可（图5-119）。

5.4.2.2　香炒牛蒡

（1）原料

牛蒡500g，胡萝卜200g，色拉油少许，干辣椒2个，料酒1小勺，生抽2勺，白糖1勺，白醋、白芝麻适量。

（2）做法

牛蒡去外皮，冲洗干净，用小刀把牛蒡削成小片，泡入放了白醋的水中，防止变色；胡萝卜切小片，干辣椒切圈，白芝麻焙香。锅中倒入少许油，小火煸香干辣椒圈，倒入牛蒡小片和胡萝卜小片，转大火翻炒2～3min，倒入1小勺料酒、1勺白糖和2勺生抽，快速翻炒均匀，撒上一些焙香的白芝麻，装盘出锅（图5-121）。

5.4.2.3 牛蒡三丝

（1）原料

牛蒡100g、白醋1汤匙、胡萝卜1根、青椒半个、盐、油、糖、酱油、香油、白芝麻适量。

（2）做法

洗净牛蒡，切丝后迅速泡入白醋中，以防变色，待全部切丝完成，用热水焯烫牛蒡1min左右，捞出备用；胡萝卜、青椒切丝；将切好的三丝拌在一起，撒上盐、糖、白醋、酱油、香油拌匀，撒上白芝麻即可（图5-122）。

5.4.2.4 辣味牛蒡丝

（1）原料

牛柳200g，牛蒡200g，青椒1个，红椒1个，蒜粒2粒，葡萄籽油2汤匙，生粉1茶匙，豉油2汤匙，橄榄油1汤匙，糖1茶匙，辣椒粉适量。

（2）做法

牛蒡洗净、去皮、切丝；牛柳切丝，用生粉、豉油、橄榄油、糖拌匀，约腌15min；青椒、红椒切丝；用葡萄籽油爆香蒜粒，加入青椒丝、红椒丝、牛蒡丝略炒3min，再加入牛柳丝及辣椒粉，炒约3min至刚熟即可（图5-123）。

5.4.2.5 金平牛蒡

（1）原料

牛蒡400g，胡萝卜30g，干辣椒3个，沙拉油1大匙，酒50mL，酱油25mL，砂糖、醋水、麻油、白芝麻适量。

（2）做法

将牛蒡外皮刷洗干净，再用刀背刮除表皮，切成长细条状，泡醋水，捞起沥干水分备用。干辣椒泡水至软后，将籽挤出，切成小圆圈；胡萝卜去皮后，切成5cm长的细条状。锅内加入沙拉油烧热，再把干辣椒、牛蒡放入拌炒，加入酱汁材料、胡萝卜条，炒至煮汁略收干，淋上麻油后再拌炒一下，即可起锅盛盘，再撒上少许白芝麻即可（图5-124）。

5.4.2.6 凉拌黄瓜牛蒡

（1）原料

牛蒡100g，黄瓜100g，小米辣2个，柠檬1个，

图5-121　香炒牛蒡

图5-122　牛蒡三丝

图5-123　辣味牛蒡丝

图5-124　金平牛蒡

图5-125　凉拌黄瓜牛蒡

图5-126　牛蒡茶

图5-127　爽口牛蒡丝

图5-128　秋葵炒牛蒡

蒜蓉、芝麻油、白芝麻、生抽、盐适量。

（2）做法

牛蒡、黄瓜洗净、去皮、切丝，牛蒡丝用热水焯烫2min左右，捞出备用；小米辣切圈，柠檬取汁，炒香白芝麻；黄瓜、牛蒡、小米辣、柠檬汁、蒜蓉拌在一起，加入少量的生抽和盐，撒上白芝麻，加入芝麻油翻拌均匀即可（图5-125）。

5.4.2.7　牛蒡茶

（1）原料

牛蒡若干。

（2）做法

牛蒡带外皮刷洗干净，切片，立即投入沸水中焯烫1min左右，捞起沥干水分，入烘箱60～65℃烘干即可，也可自然晒干。干牛蒡可直接泡茶喝（图5-126）。

牛蒡茶可降脂通便、清热解毒、祛湿、健脾开胃、平衡血压、调节血脂。

5.4.2.8　爽口牛蒡丝

（1）原料

牛蒡300g，胡萝卜100g，姜10g，香油1大匙，熟白芝麻1小匙，白胡椒粉、蚝油适量。

（2）做法

牛蒡、胡萝卜、姜洗净、去皮、切丝；牛蒡丝泡醋水，用时捞起沥干水分。锅烧热放油，下胡萝卜丝炒软后，加入牛蒡丝炒香，再加入姜丝翻炒均匀，加入白胡椒粉、蚝油拌炒，出锅装盘，撒白芝麻即可（图5-127）。

5.4.2.9　秋葵炒牛蒡

（1）原料

牛蒡200g，秋葵200g，酱油1大勺，清酒2大勺，白砂糖、白醋少许。

（2）做法

牛蒡去皮，切成薄片，将牛蒡片泡入醋水，防止氧化；秋葵斜切成圈。锅烧热放油，加入牛蒡和秋葵翻炒，加入清酒、酱油和白砂糖调味，收干水分，装盘即可（图5-128）。

5.4.3　螺丝菜

5.4.3.1　酱螺丝菜

（1）原料

螺丝菜5000g，盐800g，甜面酱4000g。

（2）做法

选择大小均匀的螺丝菜洗净，控干，一层盐一层菜，入缸腌制，上压石块。第二天翻缸一次，以后隔两天翻缸一次，翻3次为止。腌制20天后，放入清水中漂洗约4h，中间换水两次，捞出控干，装进布袋（每袋2.5kg），投入甜面酱缸中酱制，每天打扒3次，10天后即可食用（图5-129）。

图5-129　酱螺丝菜

5.4.3.2　腌螺丝菜

（1）原料

螺丝菜1000g，红糖200g，醋100g，盐60g，花椒粉2g，干辣椒粉20g，高度酒适量。

（2）做法

螺丝菜洗好，晾干表面的水分，高度酒润洗腌制坛，将螺丝菜、红糖、醋、干辣椒粉、花椒粉、盐按比例拌匀，放入坛中，水封坛口，放置半月后即可食用（图5-130）。

图5-130　腌螺丝菜

5.4.3.3　拌螺丝菜

（1）原料

螺丝菜200g，白糖、醋、盐、花椒、姜适量。

（2）做法

螺丝菜洗好晾干表面的水分切成片，加入白糖、醋、盐和一些花椒、姜等调味品，拌匀后，腌12h左右，即可食用。

5.4.3.4　泡螺丝菜

（1）原料

螺丝菜500g，朝天椒100g，小米椒10g，花椒10g，高度白酒适量，6%食盐水若干。

（2）做法

螺丝菜洗好并晾干表面的水分；泡菜坛洗净，用开水浸烫两次，使用前再用白酒浸润备用；水烧开晾凉，配成6%食盐水备用。把螺丝菜、朝天椒、小米椒、花椒混匀，装入坛内，倒入盐水至没过菜体，盖上盖子，水封，放置阴凉处1周即可食用（图5-131）。

5.4.3.5　油焖螺丝菜

（1）原料

螺丝菜300g，小葱1颗，老抽、盐、味精适量。

（2）做法

将螺丝菜洗净，小葱切碎；锅中油热后下入螺丝菜翻炒片刻，调入适量的老抽翻炒上色；加少量清水，加锅盖焖煮6～8min，听到嗞嗞声即可开

图5-131　泡螺丝菜

图5-132　油焖螺丝菜

图5-133　螺丝菜炒鸡脯

图5-134　葛根玉米骨头汤

盖；调入适量的盐、味精、小葱翻炒均匀即可出锅（图5-132）。

5.4.3.6　螺丝菜炒鸡脯

（1）原料

螺丝菜200g，鸡胸肉200g，青椒、红椒各1个，葱1颗，姜1块，蒜头1个，淀粉、料酒、生抽、油、盐、鸡精适量。

（2）做法

腌制的螺丝菜用清水泡去部分盐分，洗净备用；鸡胸肉切条，用盐、淀粉上浆；青椒、红椒切条，葱、姜、蒜切片，鸡胸肉用温油滑油，捞出备用。锅内油烧热，将葱、姜、蒜爆出香味，放入青红椒条炒至断生，再放入鸡胸肉、螺丝菜及调料翻炒均匀即可（图5-133）。

5.4.4　葛根

5.4.4.1　葛根玉米骨头汤

（1）原料

葛根500g，玉米1包，胡萝卜1个，骨头500g，蜜枣2个，盐适量。

（2）做法

葛根去皮洗净切块，玉米、胡萝卜切块。全部材料放入锅，加2L水，大火烧开水后撇掉浮沫，改用小火慢熬2h放盐调味即可（图5-134）。

5.4.4.2　党参葛根蒸鳗鱼

（1）原料

葛根15g，党参15g，鳗鱼1尾（500g），料酒10g，葱10g，姜5g，盐、酱油适量。

（2）做法

把鳗鱼洗净，去内脏；党参、葛根切薄片；葱切段，姜切片。把鳗鱼放在蒸盆内，加入盐、葱、姜、葛根，加入上汤300mL；把蒸盆置蒸笼内，用大火姜、酱油，拌匀腌渍30min，放入党参、蒸煮25min即成。

5.4.4.3　山药葛根粥

（1）原料

葛根30g，山药20g，大米100g。

（2）做法

将山药用清水浸泡一夜，切3cm左右的片；葛根用水润透，切成薄片；将大米淘洗干净。将大米、葛根、山药一同放入锅内，加水800mL，置武火上烧沸，再用文火煮35min即成。

5.4.4.4 葛根焖肥鹅

（1）原料

葛根200g，鹅半只，酒、盐、生抽、老抽、白糖适量。

（2）做法

葛根去皮后洗净切块；鹅洗净后用酒和盐腌片刻，架锅放油，将鹅煎至金黄色后盛起。另起锅放油，将切好的葛根略炒后加入清水，再放入煎过的鹅，加生抽、老抽和白糖，加盖焖至熟后放盐调味。将葛根铺在盘底，鹅切块、摆盘铺在上面，再浇上原汁便可（图5-135）。

图5-135　葛根焖肥鹅

5.4.4.5 葛根鲮鱼汤

（1）原料

葛根500g，鲮鱼500g，蜜枣30g，姜5g，盐适量。

（2）做法

将葛根洗净，去皮，切大块；蜜枣去核，略洗；鱼去鳞、鳃、内脏，洗净挖干水分。起油锅，爆香姜，下鲮鱼煎至表面微黄，取出；把葛根、鲮鱼、姜、蜜枣一起放入锅内，加清水适量，武火煮沸后，文火煲3h，汤成调味即可（图5-136）。

图5-136　葛根鲮鱼汤

5.4.4.6 葛根烧啤酒鸭

（1）原料

葛根500g，鸭半只，食盐2g，冰糖10粒，姜1大块，生抽10g，啤酒1听，海鲜酱5g。

（2）做法

把葛根去皮，切成适合大小的块备用；鸭子洗净斩块。锅烧热，倒入鸭块，调成中小火，慢慢煸炒至鸭皮收紧，皮下的鸭肥脂出油，鸭肉变色，将生姜切成大片，放入鸭肉中就着鸭油翻炒，直至炒出香气；打开啤酒，倒入已经炒香的鸭肉中，大火烧开，再调成小火慢熬20min后，加入盐；40min后，把葛根倒到啤酒鸭中，再炖煮30min，最后调成大火，加入生抽、海鲜酱和冰糖，收干汁即可（图5-137）。

图5-137　葛根烧啤酒鸭

5.4.5 藠头

5.4.5.1 腌藠头

（1）原料

糖醋藠头：选取肉质白嫩脆的藠头10kg，白糖1kg，盐500g，醋2kg。酸辣藠头：藠头10kg，新鲜辣椒5kg（剁碎），红白糖500g，盐1kg，白酒少量。

（2）做法

将新鲜藠头洗净滤干，入缸，加盐水浸泡7～8天，用其乳酸发酵；捞出后用清水浸泡，使藠头略带咸味；然后削去藠头根须、头尖、外皮等，再入缸，根据配方加入新鲜辣椒、白糖和醋等腌渍，密封缸口，20天后即成（图5-138）。

(a) 糖醋藠头

(b) 酸辣藠头

图5-138 腌藠头

5.4.5.2 藠头糟辣椒

（1）原料

藠头5kg，新鲜红辣椒10kg，食盐500g，红糖、白酒适量。

（2）做法

藠头去须根洗净并晾干表面水分，剁碎；新鲜红辣椒去蒂洗净并晾干表面水分，剁碎；红糖捣碎。藠头、辣椒、红糖、食盐混匀，坛子洗净并晾干水分，倒入白酒润洗，将混匀

图5-139 藠头糟辣椒

图5-140 油泼藠头

的原料装入罐中，盖上瓦盖，外口水封，放置于阴凉干燥处，一个星期左右换一次瓦罐外口的水，腌制大概两个月后即可出缸。腌制成熟的藠头色泽金黄，甜脆爽口，酸辣适中，由于长时间腌制，瓦罐中会出现藠头汁，藠头汁呈黏液状，可以用来做调味汁，酸爽可口（图5-139）。

5.4.5.3 油泼藠头

（1）原料

新鲜藠头300g，辣椒粉、花椒粉、盐、油适量。

（2）做法

藠头洗净，晾干表面水分，切丝后撒上盐，将码好的藠头放入盘中，加入辣椒粉、花椒粉，锅里倒入香油，烧热之后，倒入拌匀即食（图5-140）。

5.4.5.4 藠头回锅肉

（1）原料

猪腿肉300g，藠头200g，小葱1颗，酱油、姜、豆瓣酱、甜面酱、白糖适量。

（2）做法

猪腿肉洗净备用，冷水锅中放入葱、姜烧开，水开后放入肉煮至用筷子能戳透肉即可，捞起用冷

水冲洗干净，沥干备用；将肉切成大薄片；藠头去除外皮和头尾，用刀拍碎备用。热锅冷油，下肉片略炒至肉片稍卷，放入豆瓣酱、甜面酱、酱油、糖翻炒30s，下入藠头炒至断生即可出锅（图5-141）。

5.4.5.5 素炒藠头

（1）原料

藠头500g，红辣椒1个，油、盐、味精适量。

（2）做法

藠头洗净，用刀拍扁，撒些盐腌2min；红辣椒切丝。热锅倒油七成热，下藠头旺火炒，边炒边用铲背压出藠头汁液；放红辣椒丝，加盐调味，再放入味精即可（图5-142）。

5.4.5.6 藠头炒肉丝

（1）原料

猪瘦肉200g，藠头300g，豆瓣酱1汤勺，泡椒3个，蒜头1个，姜1块，油、盐、老抽适量。

（2）做法

猪瘦肉切丝，加入芡粉拌匀，藠头洗净，姜、蒜拍碎，泡椒对切开。锅中放适量的油，先下藠头炒熟（加少许盐），炒好后盛起，锅中多油，放肉丝下去炒熟后倒去多余的油，放姜、蒜、泡椒等佐料，豆瓣酱，老抽爆香，再倒入炒好的藠头，放上少许的味精即可（图5-143）。

5.4.6 洋姜

5.4.6.1 酱洋姜

（1）原料

洋姜500g，甜面酱250g，盐150g，白糖40g，白酒50g，生抽75g，花椒5g，八角5g。

（2）做法

洋姜洗净，放在通风处，阴凉风干至表面略有些脱水（2～3天）；将花椒，八角放入锅中，加水，置火上熬煮，沸腾3min，熄火晾凉；将洋姜装入坛子，加入甜面酱、盐、白糖、生抽、白酒，最后将冷却的花椒八角水倒入坛子中，让洋姜完全被酱汁淹没，加盖，密封腌制20天，取出洋姜，切片即可食用（图5-144）。

5.4.6.2 生拌洋姜

（1）原料

鲜洋姜200g，辣椒酱1勺，蒜蓉、白糖、食盐适量。

（2）做法

鲜洋姜洗净切片，用盐杀10min，倒去多余水分，

图5-141 藠头回锅肉

图5-142 素炒藠头

图5-143 藠头炒肉丝

图5-144 酱洋姜

图5-145　生拌洋姜

图5-146　酸辣洋姜

图5-147　西芹百合

图5-148　金光南瓜

将剩余调味料按个人口味与洋姜搅拌均匀后，放置10min即可食用（图5-145）。

5.4.6.3　酸辣洋姜

（1）原料

洋姜300g，干辣椒3个，花椒、色拉油、食盐、米醋、白糖适量。

（2）做法

将洋姜洗净去皮切丝，起锅油热加入花椒、干辣椒，炒香后加入一勺白糖，炒出焦糖色，小火，防止糖被炒焦黑；放入葱、姜，翻炒出香，加入洋姜丝翻炒几下，放入盐、米醋，翻炒至洋姜丝稍被染上焦糖色即可出锅（图5-146）。

5.5　园艺植物之茎菜类美食

5.5.1　百合

5.5.1.1　西芹百合

（1）原料

西芹170g，鲜百合40g，枸杞子6粒，葱花少许，鸡汁1大匙，白糖1小匙，盐少许。

（2）做法

西芹取茎，斜切成段；百合一片片掰下，洗净后入加有少许糖的沸水中焯10s，然后捞出，用凉水冲净沥干。热锅凉油，爆香葱花，倒入西芹，中大火翻炒；调入鸡汁、白糖和少许水，炒匀；倒入百合和枸杞子，加入盐，快速翻炒均匀即可（图5-147）。

5.5.1.2　金光南瓜

（1）原料

南瓜200g、鲜百合100g，糖、香葱适量。

（2）做法

取南瓜根部一块，用快刀贴着瓜皮削掉，南瓜肉切成3mm左右的片；将南瓜片沿盘沿摆好，鲜百合取最新鲜的部分掰成片，洗净沥干，和适量白糖混合均匀；水烧开，隔水蒸10～20min，取出撒适量香葱花即可（图5-148）。

5.5.1.3　蚝油芦笋炒百合

（1）原料

泰国细芦笋1把（100g左右），新鲜百合1块，蚝油1汤匙，生姜3片，白胡椒粉少许。

（2）做法

将百合切去头、尾的肮脏部分，然后用手掰成片，再反复几次清洗干净泥沙后沥干水分备用；将芦笋洗净后切去根部，放入沸水中焯烫半分钟后捞出，浸入凉水中放凉后捞出，切成3段。炒锅内倒入适量油，烧热后放入姜片爆香，然后倒入芦笋和百合一起大火翻炒两下，再调入白胡椒粉、蚝油和少许的盐，炒匀即可出锅（图5-149）。

图5-149　蚝油芦笋炒百合

5.5.1.4　雪梨百合熘鸡片

（1）原料

百合2颗，梨1个，鸡胸肉1块，葱2根，姜5片，花椒16粒，盐2小匙，黄酒1大匙，淀粉1大匙。

（2）做法

鸡胸肉切片，少许盐加淀粉和黄酒抓匀，静置15min；百合分瓣剥片，洗净后焯热水，沥干待用；梨去皮切菱形块。热油爆香葱和姜片，滑炒鸡胸肉，肉色变白即起锅；另起油锅放入花椒，花椒变色后滤出，下百合和梨块煸炒2～3min，将鸡胸肉放入同炒，调入少许盐后，浇少许水淀粉，勾薄芡后即可起锅（图5-150）。

图5-150　雪梨百合熘鸡片

5.5.1.5　百合莲子瘦肉汤

（1）原料

干莲子50g，百合20g，瘦肉100g，高汤600mL，姜片5g，盐2g，淀粉1g，食用油2mL，枸杞子少许。

（2）做法

瘦肉切薄片、百合洗净掰成小片；瘦肉片用淀粉、食用油抓匀腌制15min；砂锅中放入高汤、姜片、干莲子，烧开后转小火煮到莲子软、熟；然后放入瘦肉大火煮5min，加百合再煮2min，撒上枸杞子、加盐调味，关火（图5-151）。

图5-151　百合莲子瘦肉汤

5.5.1.6　百合果蔬拌

（1）原料

百合2个，芒果1个，黄瓜1根，圆白菜适量，色拉酱、原味番茄酱各适量。

（2）做法

百合剥去外层的枯瓣，洗净；芒果去皮去核切1cm见方的小块；黄瓜去皮，切与芒果同等大小的块；圆白菜洗净用手撕成1cm见方的小片；将加工好的所有材料混合，放入密封盒中，放入冰箱中冷藏30min；取一小碗，放入同等分量的色拉酱与番茄酱，充分拌匀；吃时将酱料倒入混合果蔬中，充分拌匀即可（图5-152）。

图5-152　百合果蔬拌

图 5-153　香蕉百合银耳汤

5.5.1.7　香蕉百合银耳汤

（1）原料

干百合120g、干银耳15g、香蕉2根、枸杞5g。

（2）做法

干百合洗净泡发，干银耳泡发撕成小朵、去蒂洗净，香蕉剥皮切成小薄片，枸杞洗净；把银耳装入碗中，加适量水上锅蒸30min；再将百合及香蕉片放入银耳碗中，加冰糖再入锅蒸30min后，加入枸杞稍焖即可（图5-153）。

5.5.2　仙人掌

5.5.2.1　凉拌仙人掌

（1）原料

仙人掌250g，精盐5g，白糖10g，香油15g，米醋、味精各适量。

（2）做法

将仙人掌去刺洗净，切成5～6cm长、0.5cm宽的条，放入碗中，撒上精盐、白糖、米醋、味精，浇上香油，拌匀即成。

5.5.2.2　仙人掌炒肉丝

（1）原料

仙人掌200g，猪里脊肉100g，色拉油、精盐、酱油、料酒、香油、淀粉、味精各适量。

（2）做法

将仙人掌去刺洗净，切丝；猪里脊肉洗净切丝入碗，加入料酒、精盐、酱油、淀粉拌匀备用；炒锅上火入油烧热，下肉丝，旺火炒至八成熟时盛起备用。热锅入油，下仙人掌丝翻炒几下，放入少许精盐炒匀，加入肉丝，翻炒至熟，点入味精，浇上香油，出锅装盘即成。

5.5.2.3　生烤仙人掌

（1）原料

仙人掌一整片，酱油、米醋、白糖各适量。

（2）做法

将仙人掌去刺洗净，整片放于烤炉上烘烤至软；取出用利刀削去表皮，蘸酱油、米醋、白糖混合汁食用。

5.5.2.4　仙人掌鸡汤

（1）原料

仙人掌120g，鸡1只，生姜3片，精盐适量。

（2）做法

将仙人掌去刺洗净切片，与处理干净的鸡一起放入锅内，加清水适量，放入生姜片，炖至酥烂，加精盐调味，出锅入汤盆即成。

5.5.2.5　油炸肉馅仙人掌

（1）原料

嫩仙人掌500g，鸡1只，猪肉馅200g，鸡蛋4个，素油250g，酱油、味精、淀粉、花椒盐、精盐、姜汁各适量。

（2）做法

将仙人掌去刺洗净，切成约4cm的片，每片横向剖开成合页状备用；将肉馅调入精盐、姜汁、酱油、味精等拌匀，填进仙人掌合页片中；将鸡蛋打入碗中，与精盐、淀粉适量调成稀糊状备用；锅上火入油烧热至油面的泡浮起时，将在蛋糊中滚过的仙人掌片入油锅，炸至两面金黄色时捞起装盘，撒上花椒盐即成。

5.5.2.6　五彩仙人掌

（1）原料

仙人掌150g，猪腿肉100g，鸡蛋1个，胡萝卜、冬笋、香菇、香葱白、盐、糖、酱油、料酒、高汤各适量。

（2）做法

猪腿肉切丝下油锅炒熟，加酱油、糖、料酒烧升，盛盘中；仙人掌洗净削去皮刺，切成细丝，入油锅炒熟盛起；鸡蛋打散倒入油锅，摊成蛋饼盛起后切成丝。把以上三丝在盘中码齐，胡萝卜、冬笋、香菇均切成细丝，放入油锅炒熟，加入酱油、盐、葱白及少许高汤，待汤汁滚后起锅浇在盘菜上即成。

5.5.2.7　蜜汁仙人掌

（1）原料

仙人掌400g，白糖40g，蜂蜜20g，京糕、青橄榄肉各适量，糖桂花少许。

（2）做法

将仙人掌洗净削去皮刺后切成细丝，加少量水煎煮4min，取出晾凉后切成寸条码在盘中；京糕、青橄榄肉均切成寸丝码在仙人掌丝上；白糖、蜂蜜加少许水，熬成浓汁后加入糖桂花调匀，浇在盘中食物上即可。

5.5.2.8　仙人掌砂仁玉

（1）原料

仙人掌300g，砂仁2g，盐、味精、香油各适量。

（2）做法

仙人掌洗净削去皮刺，切成片，撒上少许盐腌5min，控去汁水，加入味精、砂仁细末拌匀，淋上香油即可。

5.5.2.9　仙人掌鸡肉汉堡

（1）原料

圆面包4个，鸡胸肉200g，仙人掌200g，火腿蓉、料酒、鸡蛋、豆粉、熟芝麻、食盐、麻油、黄油各适量。

（2）做法

鸡胸肉切成柳叶片，加鸡蛋、豆粉浆后，用麻油稍拌、划油，加少许料酒后盛起；仙人掌洗净去皮刺，切成大片投入沸水中，焯半分钟后捞起沥水，撒入少量食盐腌3min，控去汁水；圆面包切成上下两部分，在下部先抹一层黄油，上放鸡胸肉适量，再放一片仙人掌，最后撒上火腿蓉、熟芝麻少许，把上半部面包摆好，放入微波炉中加热2min即可。

5.5.2.10　麻辣仙人掌

（1）原料

仙人掌250g，红辣椒3个，花椒粒3g，香油15g，精盐7g，味精1g，料酒25g。

（2）做法

将仙人掌去刺洗净，切成5～6cm长、0.5cm宽的条，撒上白糖、精盐、料酒、味精拌匀；锅内放香油，将红辣椒、花椒粒炸出味后捞出，将花椒、辣椒油倒在仙人掌条上，稍拌即成。

5.5.2.11　仙人掌拌粉丝

（1）原料

仙人掌200g，粉丝60g，胡萝卜1根，香油15g，精盐4g，米醋5g，味精2g。

（2）做法

将仙人掌去刺洗净，切成细丝，用盐稍腌一下；将粉丝放入碗内，用开水浸发，再用凉水浸凉，控净水分，切成10cm长的短段；胡萝卜切成细丝，放在仙人掌丝和粉丝上，浇上米醋、精盐、香油、味精拌匀即成。

5.5.2.12　仙人掌拌豆腐

（1）原料

仙人掌150g，豆腐250g，熟植物油10g，精盐2g，味精2g。

（2）做法

将仙人掌洗净去刺，切成小丁，再将豆腐切成小块，两者混合后加入精盐、味精、熟植物油调好口味即可。

5.6　园艺植物之香草类美食

我国栽培香草植物和利用香草植物调味的历史源远流长，早在公元前551～479年就有有关这方面的记载。以茴香、花椒、桂皮、姜、丁香、辣椒、芥末和杏仁等辛香料为主体材料，与动物脂肪和油类巧妙调和，构成中国烹饪的特色复合风味。

在人类已有记载历史之前，就已经食用香草植物了，天然香草产品曾经是贸易的重要产品。最早是用天然香草物质掩盖食品有效期间产生的异味，而今天食用天然香草植物在食品中具有赋香、矫臭、抑臭或赋予辣味等功能，不仅使产品变换出无穷的美味，而且有增进食欲的效果，使人胃口大开，更成为人们的嗜好因子，甚至是地区和民族饮食的标志。另外，很多天然食用香草植物还具有着色、防腐和抗氧化等功能。目前已经被国际组织确认的天然食用香草植物有70多种。因此，在餐饮中食用香草植物不仅时尚且有利健康，应当推广，应该全面开发以促进天然香草餐饮业的快速发展（图5-154）。

5.6.1　百里香

5.6.1.1　百里香起司面

（1）原料

熟面条200g，红甜椒丝、黄甜椒丝、洋葱丝适量，奶油一茶匙，高汤1/4杯，盐1/2茶匙，百里香3枝，起司2汤匙。

（2）做法

红甜椒丝、黄甜椒丝、洋葱丝用奶油爆香，加入高汤和盐调味，再加入面条和百里香，炒约1min，倒入焗盘撒上起司和百里香，入烤箱，上火80℃，慢火焗烤即成。

5.6.1.2　百里香牛柳

（1）原料

牛柳200g，蔬菜100g，香草植物牛肉汁50mL，新鲜百里香及盐、胡椒、黄油、红酒各适量。

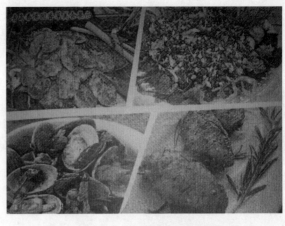

图5-154　青岛香博园香草美食

（2）做法

先将牛柳用百里香、盐、胡椒和红酒腌渍30min，然后煎至所需要的程度。蔬菜用黄油炒熟，调味后与牛柳一起装盒，然后淋上香草植物牛肉汁即成。

5.6.1.3　百里香山药饮料

（1）原料

新鲜百里香适量，山药、苹果、菠萝、西红柿各20g，坚果、芝麻、生菜适量，冰块少许。

（2）做法

山药、苹果、菠萝、西红柿切块，将所有材料加入果汁机中打出匀浆倒出，加入冰块即成。

5.6.1.4　百里香炒饭

（1）原料

白米饭2碗，洋葱1/2个，鸡蛋1个，火腿2片，百里香、盐、胡椒、油、料酒和适量。

（2）做法

先将鸡蛋打碎加水炒熟，然后将火腿丁和洋葱丝等加油略炒，加入胡椒、盐和米饭混炒均匀，最后加入炒好的鸡蛋，再拌入百里香即可。

5.6.2　迷迭香

迷迭香味鸡腿

（1）原料

鸡腿1只，迷迭香1枝、长约15cm，生粉、盐各少许。

（2）做法

鸡腿去骨剔筋，抹上盐，然后蘸生粉。将迷迭香切碎蘸在鸡腿上，下油锅煎至金黄色，起锅后淋上迷迭香酱汁即成。

5.6.3　鼠尾草

5.6.3.1　鼠尾草烤猪腿

（1）原料

带骨猪腿2只，鼠尾草3枝，酱油、盐、味精各少许。

（2）做法

将猪腿洗净，用鼠尾草、酱油、盐和味精混合腌渍1天。烤箱预热170～200℃，烘烤15～20min，取出后装盘即成。

5.6.3.2 鼠尾草橙汁鸡柳

（1）原料

鸡胸肉200g，柳橙汁4汤匙，柳橙皮（切细丁）1茶匙，鼠尾草2枝，色拉油适量。酱油2汤匙，糖1汤匙，酒1汤匙，太白粉1汤匙。

（2）做法

鸡胸肉切长条，入调味料腌15min，鼠尾草洗净备用。起油锅将材料炒香，拌入鼠尾草，起锅加柳橙汁及切细丁的柳橙皮即成。

5.6.4 薄荷

5.6.4.1 胡椒薄荷排骨汤

（1）原料

胡椒、薄荷、新鲜排骨、调味品各适量。

（2）做法

将新鲜排骨放入砂锅中炖熟，放入适量的盐和味精，待汤出锅前将胡椒和薄荷放入砂锅内连汤一起倒出即可。

5.6.4.2 薄荷牛排

（1）原料

薄荷、牛小排、黑胡椒、盐、陈醋、西红柿酱、无盐奶油等各适量。

（2）做法

取10片左右薄荷叶，牛小排2～3块，将5片薄荷叶切碎铺在牛小排上，均匀地撒上适量的盐备用。倒适量的油在锅里烧热后，用大火略煎备好的牛小排，并用黑胡椒和盐调味，煎至双面锁住肉汁后，便可放入烤箱，依个人喜好烤至适当的熟度（以180℃烤3～5min最佳），取出盛盘。往锅里的余油中分别加入一大匙西红柿酱、一大匙无盐奶油、少许陈醋和盐、10粒青胡椒、10粒红胡椒等，将小火熬成浓稠的酱汁淋在牛小排上，将剩余薄荷叶撒于盘中即可。

5.6.5 罗勒

5.6.5.1 焗纸罗勒银鳕鱼

（1）原料

银鳕鱼200g，四季豆、胡萝卜、节瓜、土豆等蔬菜150g，14开西点面纸1张，柠檬汁5mL，柠檬1片，白酒、橄榄油、罗勒、洋葱末、西红柿粒、黄油、葱结、盐、胡椒、蘑菇汁适量。

（2）做法

将柠檬汁、白酒、橄榄油、罗勒、洋葱末、西红柿粒、盐和胡椒混合涂于鱼肉上，腌渍入味。用面纸将鱼肉包住两头，用葱结扎封口，放进烤箱于180℃烤熟。再将胡萝卜、节瓜和土豆削成橄榄状，和四季豆一块去水后用黄油炒熟调味。烤熟的鱼放在盆中央，四周摆放蔬菜，用柠檬片装饰后即可入盘。

5.6.5.2　罗勒鸡块

（1）原料

嫩鸡腿200g，西红柿块80g，白酒50mL，罗勒5g，盐、胡椒、黄油、西红柿汁各适量。

（2）做法

用黄油将鸡腿煎至皮呈金黄色，加入西红柿块、白酒和西红柿汁，用小火煨至鸡肉酥烂。盛出装盘，用罗勒装饰后上桌。

5.6.5.3　罗勒拉面

（1）原料

新鲜罗勒叶3～5片，速食拉面1包，豆芽适量，圣女果2～3个，油、盐、胡椒各少许。

（2）做法

将豆芽去须根，与圣女果略炒。水烧开，放入速食拉面，然后放入罗勒叶，盛盘后浇上炒菜即成。

5.6.6　香草

5.6.6.1　香草植物扒鹅肝羊排

（1）原料

羊排150g，鹅肝200g，蔬菜100g，干葱羊肉汁50mL，盐、胡椒、黄油、红酒、罗勒叶末、迷迭香、牛膝草各适量。

（2）做法

羊排用盐、胡椒、红酒、罗勒叶末、迷迭香和牛膝草腌30min，鹅肝用盐、胡椒和红酒腌渍一下。然后将羊排和鹅肝放在扒炉上，羊排扒至所需要的程度，鹅肝则要扒至全熟。蔬菜用黄油炒熟调味，最后将材料装盘，淋上干葱羊肉汁即成。

5.6.6.2　香草植物扒牛柳

（1）原料

牛柳200g，各色圆椒、茄子片、意大利贝壳面，橄榄油、红酒、黄油、百里香、罗勒、盐、胡椒各适量。

（2）做法

牛柳加红酒、百里香、罗勒、盐和胡椒腌渍成肉酱，调味。圆椒去心籽，切成厚1cm的圆片。将肉酱装入圆椒片，刮平后在扒炉上用黄油煎熟，摆放在盘内。最后，将炒熟的贝壳面和用橄榄油扒熟的茄子片装盘即可。

5.6.6.3　香草植物猪排

（1）原料

猪排220g，土豆泥50g，红菜头50g，百里香、芫荽末、洋葱末、蒜泥、香菜末、盐、胡椒、黄油各适量。

（2）做法

猪排拍松，加少许盐和胡椒腌渍一下。将百里香等香草混合后抹在猪排两面，在煎盘内稍煎一下，放入烤箱于180℃烤熟。取出装盘，用土豆泥、红菜头加以修饰后即可。

5.6.7　牛膝草

牛膝草牛肚

（1）原料

牛肚200g，胡萝卜片50g，洋葱片50g，西芹片50g，牛膝草少许，姜末少许，芫荽、芝士粉、盐、面粉、黄油、胡椒各适量。

（2）做法

牛肚用盐水煮熟后捞出，冷水冲洗后浸30min，切成方块或长条。用黄油将面粉炒黄，加入汤汁少许使之成厚糊。蔬菜片开水焯熟后放入糊内，加入牛膝草、姜末、盐、胡椒和汤水，将面糊调稀。最后加入牛肚，小火煨至牛肚酥熟，装盘后撒上芝士粉即可。

5.7　烹饪加工

花卉还被广泛用于烹饪加工中，不仅作为赏心悦目的菜肴，更因其营养成分而被用于保健美食加工中。在"八大菜系"中有不少名菜采用鲜花作配料烹制，如北京菜中有"桂花干贝"、"茉莉鸡脯"；上海有"白玉兰炒鸡"、"桂花栗子"；河南、山东有"牡丹花汤"；广东有"菊花鲈鱼羹"等。

现介绍几种常见的保健美食的烹饪方法。

5.7.1　生食与凉拌

近年来，随着人们对绿色健康食品追求的提高，对园艺美食的认识也逐渐增强。最初，人们主要将新鲜采摘的园艺植物生食或凉拌，这种食用方法不仅操作简单，而且可以极大程度地保留其活性功效。生食一般直接将鲜嫩叶片洗净、沥干蘸酱，略有苦味，味道鲜美清香且爽口；也可以凉拌，将洗净的嫩叶用沸水烫1～2min，沥出，用冷水冲凉；佐以辣椒油、盐、香油、醋、蒜泥等，也可根据自己口味拌成风味各异的小菜。

5.7.2　炒食煮食

将幼嫩叶片进行炒制加工后可降低其原来的苦涩味，赋予其与之搭配的更加丰富的味道和营养。

（1）蒲公英炒肉丝

蒲公英具有清热解毒、消炎杀菌、抗肿瘤、利尿、缓泻、退黄疸、利胆等功效，适用于治疗各种疔疮、红肿、热毒、炎症，如结膜炎、腮腺炎、咽炎等。将蒲公英的嫩叶或花茎洗净后即可炒食或煮食。既可素炒，也可加肉、鸡蛋、海鲜炒，勾上淀粉，味道更佳。

① 原料

猪肉100g，蒲公英鲜叶或花茎250g。

② 做法

将蒲公英鲜叶或花茎去杂洗净，沥水，切段；猪肉洗净切丝；油锅烧热，下肉丝煸炒，加入芡汁炒至肉熟时，投入蒲公英鲜叶或花茎炒至入味，出锅装盘即成。

（2）马兰头肉馄饨

马兰含有丰富的营养成分。据报道，每100g马兰的嫩茎叶含水分86.4%、蛋白质3g、脂肪0.9g、碳水化合物5.2g、粗纤维1.1g、维生素C 36～69mg、胡萝卜素31.5mg、B族维生素0.36mg、烟酸2.5mg、钾530mg、钙145mg、镁46.8mg、磷70mg、铜0.24mg、铁4mg、锌0.43mg、钠1mg。马兰具有抗炎镇痛、防衰老、抗癌症的功效，不仅营养丰富，而且味道鲜美，深受人们喜爱。

① 原料

马兰头300g，猪肉末200g，馄饨皮500g。

② 做法

将马兰头洗净，锅中放水煮开，放入马兰头烫一下去除苦涩味。猪肉末放入盆中，马兰头剁碎放入盆中，放少许盐和生抽搅拌均匀；取一馄饨皮放上马兰头馅，包成元宝状，锅中放水煮开，放入包好的馄饨煮，煮至馄饨浮上水面即可。

（3）薄荷鸡丝

有蕃荷叶、人丹草、升阳草、卜荷之称的薄荷，主要含薄荷油、薄荷醇以及薄荷酮、异薄荷酮、迷迭香酸等成分。可以健胃祛风、祛痰、利胆、抗痉挛，改善感冒发烧、咽喉肿痛，且可消除头痛、牙痛、恶心感。

① 原料

鸡胸肉150g，薄荷叶100g，蛋清、淀粉、精盐、葱、姜、蒜、料酒、香油适量。

② 做法

将鸡胸肉切成细丝备用，加蛋清、淀粉、精盐拌匀待用。薄荷洗净，切成适度大小的片段；锅中油烧至五成热，将拌好的鸡丝倒入过油；另起锅，加入葱、姜、蒜末，加料酒、薄荷叶、鸡丝、盐略炒，淋上香油即可。

（4）煮汤熬粥

① 枸杞叶粥　枸杞叶是枸杞的嫩叶和嫩茎梢，既是一种蔬菜，也是一种营养丰富的保健品。枸杞是具有强韧生命力及精力的植物，非常适合用来消除疲劳；它能促进血液循环、防止动脉硬化，还可预防肝脏内脂肪的囤积；再加上枸杞内所含有的各种维生素、必需氨基酸及亚麻油酸全面性地运作，更可以促进体内的新陈代谢，也能够防止老化。枸杞叶有一种特殊的清香，还能清热明目，将其熬成粥，营养成分释放到粥里可增强吸收，但煮的时间不宜过长，否则色泽就褪掉了，营养也会流失。

做法：鲜枸杞叶50g清洗干净，加300mL水，煮至200mL时，去除枸杞叶，加入糯米熬制软烂，即可。

② 蒲公英绿豆汤　此汤由蒲公英与绿豆相配而成，具有清热解毒、利尿消肿的功效。

做法：将蒲公英100g去杂洗净，放汤锅内，加入适量水煎煮，煎好后取滤液，弃去渣，将滤液再放入汤锅内，加入绿豆50g，煮至熟烂，加入白糖拌匀即成。为了减少蒲公英苦味，食用时可将其洗净后在开水或盐水中煮5～8min，然后泡在水中数小时，将苦味浸出冲洗干净，再煮汤或熬粥。

③ 薄荷鲫鱼汤　做法：将活鲫鱼（约300g）剖洗干净，用水煮熟，加薄荷叶20g，加葱白、生姜适量，煮制20min，放入盐即可。

④ 泡茶　有些园艺植物的叶片也可用于泡茶，如薄荷叶，泡法和普通茶叶一样，饮用有清凉感，具有清热利尿的功效。

（5）桂花干贝

① 原料

熟干贝丝25g，鸡蛋3枚，冬笋丝20g，香菇丝20g，金华火腿丝20g，五花肉丝20g，芫荽少许，葱丝10g，姜丝5g，盐2g，鸡粉1g，白胡椒粉少许，绍酒10g，烹调油适量。

② 做法

把干贝丝倒入蛋碗内，把蛋液和干贝丝加盐调匀，放入鸡粉、少许胡椒粉、少许绍酒，炒勺上火烧热，加入适量烹调油，倒入配料，把配料炒匀炒透后出锅即可。

（6）白玉兰炒鸡

白玉兰具有补肾气，解热毒，压丹石毒等功效。

①原料

瘦猪肉250g，玉兰花3朵，猪油、精盐、味精、料酒、鸡汤、姜末、湿淀粉、鸡蛋、白胡椒粉各适量。

②做法

将玉兰花摘瓣洗净，把瘦猪肉切成肉片放入碗内，加少许精盐、料酒、鸡蛋清、湿淀粉，拌匀上浆；将鸡汤、味精、精盐、料酒、白胡椒粉、湿淀粉放入碗内兑成芡汁，待用。洗净炒勺，上火烧热，下入猪油，烧至四成热时下入肉片，用筷子拨散滑透，捞出控油。勺内留底油，投入葱、姜末煸炒熟后，倒入肉片、玉兰花瓣及芡汁，翻炒几下盛入盘内即成。

（7）菊花枸杞蒸鱼

菊花枸杞蒸鱼具有清热降火，清肝明目，补肾益精的作用。

①原料

菊花1朵，枸杞20g，鲑鱼约250g，料酒10g，烹调油适量。

②做法

将菊花瓣剥下，入盐水浸泡清洗干净，沥干备用；将枸杞清洗干净，加水泡软备用；将鲑鱼片置于盘中，撒上枸杞及沥干的菊花瓣，淋上料酒入蒸锅中蒸，大火煮开后转小火，约10min后起锅。

图5-155　百合炒牛肉

（8）百合炒牛肉

百合炒牛肉具有润肺宁心、补养脾胃、益气养血、改善消化吸收不良的保健效果。

①原料

百合1～2头，牛肉250g，料酒10g，葱头10g，烹调油适量。

②做法

百合去老瓣洗净，拨瓣备用，牛肉片加酱油、料酒腌制半小时，葱头洗净切段备用；油锅热入油，先入牛肉片炒至五成熟，入葱段、百合，快炒至百合颜色呈透明色，加盐调味即可（图5-155）。

（9）合欢花炖鸡肝

合欢花炖鸡肝具有改善目赤、眼疾而明目的作用。

①原料

合欢花3朵，鸡肝100g，料酒10g，精盐、味精、烹调油适量。

②做法

合欢花用清水快速冲洗干净，沥干，鸡肝洗净，入砂锅煮至熟透。

（10）菊花鲈鱼羹

①原料

鲈鱼半条，黄菊花1朵，冬笋1支，草菇10个，北豆腐1盒，姜片2片，小葱1根，高汤1大碗，盐半大匙，胡椒粉少许，料酒适量，水淀粉3大匙。

②做法

鲈鱼切片洗净，加姜、葱、料酒、盐、水淀粉、胡椒粉腌渍，水滑熟后捞出备用；豆腐切小丁。冬笋切片焯水；草菇切成薄片，并以热水氽烫备用。所有材料（菊花除外）加入水、盐、胡椒粉煮开后，加入水淀粉煮至浓稠成羹，盛于汤碗。将已剪掉根部的黄菊瓣花置于面上，趁热食用时拌匀即可。

花粥不仅营养丰富，而且芳香可口。因鲜花中含有各种生物苷、植物激素、花青素、酯类、维生素和微量元素等，故常喝花粥有较佳的护肤养颜等保健作用。四季之中，盛夏将荷花阴干后与糯米或小米熬粥，可消暑去燥、解渴生津；仲秋用菊花熬粥，可清火明目、益肾利尿；冬末春初，采摘梅花煮粥，可以养脾化积，消除咽喉肿痛；暮春初夏，以玉兰花煮粥，能润肺利窍、祛风散寒。此外，还有玫瑰花粥、茉莉花粥、桃花粥、杏花粥、合欢花粥、菜花粥、金银花粥、百合花粥、白兰花粥、月季花粥等。

（11）桃花猪蹄粥

① 原料

桃花（干品）1g，净猪蹄500g，粳米100g，细盐、酱油、生姜末、葱花、香油、味精各适量。

② 做法

将桃花焙干，研成细末，备用；淘净粳米；把猪蹄皮肉与骨头分开，置铁锅中，加适量清水，旺火煮沸，撇去浮沫；改文火炖至猪蹄烂熟时将骨头取出，加入粳米及桃花末，继续用文火煨粥；粥成时加入细盐、酱油、生姜末、葱花、香油、味精，拌匀。

（12）梅花粥

做法：取白梅花5～7朵，用清水洗净待用。将100g粳米洗净放入锅中，加入白梅花，适量白糖，略煮即成。梅花性平，能疏肝理气，激发食欲。食欲减退者食用效果颇佳，健康者食用则精力倍增。

（13）荷花蜂蜜粥

将荷花洗净，撕成小片，用干净纱布包好；将大米淘洗干净，备用；锅内加适量水，放入荷花袋、大米煮粥，熟后拣出荷花袋，调入蜂蜜即成。

（14）花汤

用鲜花做汤不仅味道新奇、富有营养，而且花瓣洒于汤中，既增加了人们美的享受和欢愉的感觉，又促进了食欲，可谓"赏心悦目"。例如，以豆腐为主料下锅烧汤，起锅前放入鲜花（也可用其他花，如桂花或菊花或茉莉花）花瓣，即成"鲜花豆腐汤"，入口鲜嫩味美，满口生香。

花汤以桂花豆腐汤为代表。

① 原料

嫩豆腐1盒，猪肥瘦肉末、鸡蛋清、火腿末、香菜叶、精盐、鸡精、牛奶、食用油、高汤适量。

② 做法

豆腐去掉老皮搅碎，加精盐、鸡精、鸡蛋清、牛奶，搅拌成均匀的豆腐泥待用。将猪肉末、精盐、味精搅拌成馅，然后取一碗，在碗的内壁上涂一层油，放入肉馅，再放上豆腐泥抹平，随后放上一片香菜叶和一撮火腿末，摆成鲜花状，上屉蒸约8min。将汤锅置旺火上，放入高汤、鸡精、精盐，待汤烧开后，起锅盛入大汤碗内，加入桂花。随即将蒸好的豆腐由屉内取出放入汤碗内即可。

思考题

1.简要总结身边美食花卉的烹饪方法。

2.我国园艺植物传统美食中有哪些特色美食？

第6章
园艺植物的深加工食品

种植在花园、庭院或室内的园艺植物，不仅可供观赏，其根、叶、花以及果实等可食用部位还可用于食品加工、制药等行业。可食用园艺植物作为食品原材料用于食品深加工或直接食用，完美地体现了食品的三大特点：色、香、味。在欧洲地中海沿岸国家，用糖浸过的花朵和蓓蕾也被广泛用于烹调。在希腊，花卉等观赏植物常用来拌和蔬菜、米饭，在意大利则被用于拌和辛辣的食品原料。在一些亚洲国家，也常直接使用花卉作为餐盘装饰，如兰花。园艺植物根据其形态、呈味和功能不同，有的可全株食用，有的可部分食用，本章通过实例，按植物可食用部位的花、叶、根，分类介绍园艺植物的美食用途。

6.1 食用部位——花

近年来，符合健康需求的花卉食品越来越被人们重视，以花卉为原料的食品也日益增多。它们既可开发成新资源食品，也可做食药同源的功能性食品。目前，美国和日本的花卉食品市场销售额已高达数千亿美元，而我国的花卉食品市场还有很大的发展潜力，我国拥有丰富花卉资源，也为花卉食品市场的发展提供了基础。可供食用的花卉品种有很多，据不完全统计，可食用的花卉约97个科，100多个属，180多种。目前，我国经卫生部门批准的食用花卉有梅花、菊花、茶花、栀子花、金雀花、金银花、忍冬花、金莲花、樱花、木芙蓉、牡丹花、木棉花、锦带花、兰花、桂花、迎春花、茉莉花、玫瑰花、月季花、鸡冠花、啤酒花、槐花、丁香花、红花、油菜花、番红花、金针花、昙花和百合花等。花作为植物代谢极为旺盛的器官，含有丰富的营养成分（蛋白质、氨基酸、碳水化合物、维生素和铁、锌、钙等）和生物活性成分（黄酮、酶、类胡萝卜素等）。例如，玫瑰花含有多种微量元素，维生素C含量很高，每100g内含量高于2g，其含量为苹果的700多倍、沙棘的20多倍，比中华猕猴桃还高出8倍以上，堪称维生素C之王；还含有蛋白质、脂肪、碳水化合物、钙、磷、钾、铁、镁等，其中蛋白质含量8.5%、脂肪4.7%、可溶性糖1.2%、碳水化合物68%。玫瑰花渣中含葡萄糖18.33%～23.66%、淀粉21.75%～22.63%，且含有丰富的氨基酸，氨基酸总量高达10.90%，比玉米或麸皮中的氨基酸总和都高。可见，花卉类食品可以满足人们对食物色、香、味、营养等多方面的需要。不仅如此，有的花卉植物还作为药食同源植物，如百合，具有提高人体免疫力、镇静催眠、抗疲劳、抗应激、保护胃黏膜、止咳平喘、抗癌等生理活性。因此，将鲜花应用于食品中不仅可赋予食品具有鲜花本身艳丽的色泽和特殊的香气，还具有丰富的营养价值及保健作用（图6-1）。

6.1.1 花卉食品深加工

花卉主要被广泛用于提取精油，如桂花、玫瑰花、茉莉花、月季花等，作为保健和药用。近年来，花卉食品产业日新月异，加工成多种颇受欢迎的食品，如饮料、发酵制品、调味品以及副食品等（图6-2）。

图6-1 花茶

花卉饮料是时下备受欢迎的花卉食品，各种即饮或冲泡的花卉饮品，以及与其他食品原料加工的复合饮料，大大丰富了饮料市场。花卉茶是应用较早的一类饮料，不仅赏心悦目，而且还具有美容养颜、保健的功效。

（1）茉莉花茶

茉莉花茶在清朝时被列为贡品，距今已超过150年，是将花卉应用于食品较早且最成熟的产业之一。茉莉花茶是将茶叶和茉莉鲜花进行拼合、窨制，使茶叶吸收花香而成的一种冲泡型健康饮品。其香气鲜灵持久、滋味醇厚鲜爽、汤色黄绿明亮，

图6-2 干桂花

具有安神、解抑郁、健脾理气、抗衰老防辐射、提高机体免疫力的功效。

① 工艺流程　茉莉花因产地不同，加工工艺与品质也不尽相同，基本工艺流程为：茶坯处理→鲜花养护→拌和窨花→通花散热→收堆续窨→出花分离→湿坯复火干燥→再窨或提花。

② 操作要点　从茶花拌和到烘焙，称为一个窨次。生产上根据不同的质量标准，采用不同的窨次。高级茉莉花茶用花量多，需要较多窨次。转窨是指每一窨次茶叶烘干后，不进行匀堆装箱，而待茶叶降温后，达到技术要求时再复窨花。连窨是指两窨之间未经烘焙直接转窨至下一个窨次。

1）茶坯处理：对茶坯复火干燥后再进行通凉降温，主要目的是提高茶香和控制茶坯的含水量与坯温，以适应窨花工艺的技术要求。

2）鲜花养护：分为"伺花"和"筛花"两个环节。伺花是指交替进行鲜花摊凉散热和复堆升温，并结合适当翻动，促使花蕾在一定温度和充分供氧的条件下，开放均匀。筛花是指去除杂物，筛选净花，并进行分级，以便按级对茶配花，同时起振荡作用，进一步促进鲜花开放。

3）茶花拌和：即按一定配比将鲜花与茶坯均匀拌和，按工艺要求堆放，拌和后即静置窨花。全过程历时10~12h，含通花散热。

4）通花散热：静置一定时间后，随着堆温的升高需进行通花工序。通花即将茶叶翻动摊开，温度下降到一定程度后再收堆续窨。通花起到散发热量，置换堆内空气及再一次的茶花拌和的作用。

5）起花：将已窨过茶的花渣筛出，使茶花由混合到分离。

6）烘焙：由于窨后茶叶含水量增加，必须进行烘焙，使茶叶具有一定干度，以利于在窨品转窨，同时促进茶香和花香更好地结合。

7）提花：经过烘焙的茶叶，花香鲜灵不足，工艺上采取在最后一窨次以少量优质的茉莉鲜花与茶叶拌和后静置数小时，未经通花，起花后不经烘焙即装箱。

（2）牡丹花茶饮料

牡丹花茶饮料是以牡丹花和玫瑰花混合浸提，按比例添加绿茶茶汤混合调配、辅配而成的一种新型营养保健茶饮料，具有养血和肝、益气养颜的功效。

牡丹花被誉为国色天香，素有"花中之王"之称。除具有观赏价值外，牡丹花还具有很高的营养价值和药用价值，含有人体必需的氨基酸、维生素，而且花中的原花色素具有很强的抗氧化性，对人体具有很强的保健作用。

① 工艺流程　花瓣浸提→澄清、过滤→花瓣提取液；茶叶浸提→澄清、过滤→茶提取液；将上述花瓣提取液、茶提取液及白砂糖、柠檬酸等，按比例调配→精滤→灌装、密封→杀菌→冷却→成品。

② 操作要点

1）浸提：牡丹花和玫瑰花经过适当清水清洗以除去大部分灰尘，降低浸提液中由于灰尘而引起的浑浊和沉淀。采用花瓣与茶叶分别浸提，可有效避免香气干扰，经澄清、过滤后再进行调配。浸提时间45min，料液比1：70，浸提温度70℃，浸提pH值6.0。

2）调配：采用柠檬酸0.03%对饮料的pH值进行调整，再添加白砂糖和维生素C调节口感。辅以添加乙基麦芽酚0.01%（醇香型），以使饮料香味更加芬芳。

（3）白丁香甘草复合茶饮料

白丁香甘草复合茶饮料具有白丁香花和甘草特有的香气和滋味，茶味浓郁，酸甜适口。

① 工艺流程　工艺流程如图6-3所示。

```
白丁香花、甘草、绿茶          稳定剂、甜味剂
        ↓                      ↓
清洗→沥水→破碎→浸提→过滤→调配→均质→脱气→灌装→封装→杀菌→成品
```

图6-3　白丁香甘草复合茶饮料工艺流程

② 操作要点　白丁香花汁和甘草汁应分别浸提，浸提3h，料水比为1：20，90℃下浸提。经过滤后，按白丁香花汁20%、甘草汁10%、绿茶汤10%、AK糖0.02%、β-环状糊精0.75%的比例进行调配。

（4）三七花菊花玫瑰茄复合饮料

以三七花、菊花和玫瑰茄3种药食同源植物为原料，生产功能性复合饮料，该饮料色泽呈酒红色、清亮透明、酸甜爽口，具有浓郁的玫瑰茄和菊花的芳香和保健功能。以下为该复合饮料的工艺流程。

① 菊花提取液的制备　选择新鲜干燥、无霉烂变质、气味芳香的菊花，清洗去除杂质，按1：80（g/mL）的料液比置于85℃恒温水浴锅中，浸提30min，过滤得到清晰透明的菊花液，低温保存备用。

② 玫瑰茄提取液的制备　去除玫瑰茄上的异物，清洗干净，玫瑰茄和纯净水按1：50（g/mL）的料液比在90℃下浸提30min，过滤，低温保存备用。

③ 三七花提取液的制备　挑选好的三七花，清洗干净，按照1：30（g/mL）的料液比加入纯净水，在80℃下浸提30min，过滤，低温保存。

④ 复合饮料的调配　将三七花、菊花和玫瑰茄提取液按三七花提取液8%、菊花提取液30%、玫瑰茄提取液35%、复合甜味料（白砂糖和蜂蜜的比例为1：3）11%、添加0.03%海藻酸钠的比例进行调配。

⑤ 灌装、杀菌　灌装封盖后，在100℃的沸水中杀菌20min，冷却后即为三七花菊花玫瑰茄复合饮料。

（5）罗汉果花菊花菠萝汁饮料

罗汉果花具有降血压、降血脂、清热解毒、化痰止咳和润肺的功效；菊花气味芳香，含有黄酮类萜类、挥发油等多种活性成分，具有散风清热、平肝明目、降血压、降血糖、抗肿瘤、抗衰老、保护视力等多种功效；菠萝是仅次于香蕉、芒果的第三大热带水果，含有蛋白质、维生素C、β-胡萝卜素、矿物元素等多种成分，具有增强食欲、健脾、利尿等功效，可治疗咽炎、胃炎和消化不良等疾病。基于罗汉果花、菊花所含有的活性成分和生理功效，将两者进行结合，加上香气浓郁、味道甜美的菠萝汁，生产一种新型的果花茶饮料。

① 工艺流程　罗汉果花、菊花除杂→清洗→浸提→过滤→混合花汁；菠萝→打浆→护色→精滤→菠萝果汁；将以上的混合花汁和菠萝果汁混合→调配→均质→包装→杀菌→成品。

② 操作要点

1）制备混合花汁：按最佳配比取适量的混合花，加入1：10的蒸馏水，在30℃下浸提5h后，8000r/min离心5min，取上清液抽滤后冷藏备用。

2）菠萝汁的制备：挑选八九成熟，无虫害、无腐烂的新鲜菠萝，洗净、去皮、挑眼、切块，用1：300的盐水浸泡20min后打浆，再加入相当于果肉质量0.03%的抗坏血酸进行护色处理，最后过滤避光冷藏备用。

3）混合、调配：混合花浸提液与菠萝汁6：1混合成果花汁，按果花汁31%、糖12%、柠檬酸0.20%加入软水中，再加入0.08%的羧甲基纤维素钠，充分搅拌，混合均匀。

4）均质：均质时物料温度不低于60℃，均质压力为一级15～20MPa、二级2～4MPa，均质后，可增加饮料的稳定性，防止分层，使饮料口感细腻。

（6）刺槐花发酵乳饮料

发酵乳饮料是经乳酸菌发酵后而得到的一类营养保健饮料，其中的益生菌对肠道功能紊乱、牛奶不耐症患者尤为适宜，是一种老少皆宜的日常保健营养品。刺槐即洋槐，其花色乳白，香气宜人。干制刺槐花中蛋白质含量高达19.73%，氨基酸总量为19.50%，含有17种氨基酸，包括所有人体必需的氨基酸，其中抗疲劳的天冬氨酸高达4.47%；同时刺槐花具有消痈化瘀、清热解毒、疗咽治痣、健胃通肠等功效，花中含有邻氨基苯甲酸甲酯、橙花醇、芳樟醇、苄醇等具有养颜护肤功效。将刺槐花进行发酵，可生产一种有益于肠道健康的功能性饮料，其风味柔和，具有刺槐花香及乳香的独特香气，口感酸甜，细腻柔滑，香气宜人。

① 工艺流程　刺槐花→清洗除杂→浸提→打浆→过滤→酶解→过滤→鲜牛乳混合→配料→灭菌→接种→发酵→冷却→发酵原液；稳定剂、蔗糖→溶解→灭菌；将发酵原液与添加剂共乳化→冷却→调整（pH值、香气）→均质→无菌罐装→冷却→成品。

② 操作要点

1）浸提、打浆、酶解：按料液比1：6于55℃温水中浸提3h，将得到的浸提液打浆，浆液用滤网过滤，按刺槐花浆与水的质量比4：1混合均匀，于55℃，在pH值6.5条件下加入0.4%的木瓜蛋白酶，酶解2h，灭酶，硅藻土过滤，得到澄清的酶解液，待用。

2）配料和接种：将刺槐花酶解液与鲜牛乳以体积比1：3为发酵基料，经超高温瞬时灭菌（125℃，3s）后，冷却至37℃，添加3.0%混合发酵菌种（嗜热链球菌：双歧杆菌=1：1），然后置于42℃恒温发酵5h，得到发酵原液。

3）乳化、调酸和调香：在发酵原液中加入0.5%复配乳化稳定剂和6%蔗糖，调匀后2000r/min乳化15min，冷却后加入适量奶油香精、刺槐花香精，以增加饮料风味。

4）均质：将混合后的发酵乳均质两次，均质压力为20～25MPa。

5）无菌灌装：将均质后的发酵乳饮料进行无菌灌装，并于4℃条件下经5～7天保温储存。

6.1.2 发酵制品

以花卉作为原料或辅以其他食品原料，供发酵制作酒类、酱、酱油以及糖浆等。

6.1.2.1 花卉酒

花卉酒即利用花卉与水的一定配比提取花汁，添加糖及酵母（果酒酵母）发酵而成，或将花与酒有机地结合起来，酿制成富含营养成分和多重保健功效的酒。将完整的花或花粉做成酒曲，而后与其他原料一起发酵。花卉酒是一种新型的低度酒，绿色天然，其香气和营养成分不易被破坏，因此营养价值高，还可保持其艳美的色泽（如茶花酒、菊花酒、桂花酒、枣花酒、槐花酒、枸杞酒等）。

（1）桂花糯米酒

桂花糯米酒是以糯米和桂花为原料，经过酒曲的混合发酵制得而成，既具有普通糯米酒的香气，又有桂花清新淡雅的风格，不仅增加了糯米酒的色、香、味品质，而且提高了糯米酒的营养价值与保健功效。

桂花糯米酒加工的发酵工艺条件为：加曲量1%，发酵温度30℃，发酵时间72h，调配桂花汁30%，糯米酒50%，蔗糖8%，柠檬酸0.1%。

生产工艺流程：糯米→过筛→浸渍→蒸煮→摊凉→落缸（加清浆水、生麦曲、糖化酶、活化干酵母、陈黄酒、桂花等植物料）→前发酵→主发酵→开耙→后发酵→压榨→清酒调整→澄清→煎酒→装坛密封→储存老熟→开坛取酒→混匀入桶→冷冻处理→分级过滤→灌瓶→压盖→水浴杀菌→检验→贴标→装箱→成品。

（2）茶树花酒

茶树鲜花与芽叶的主要化学成分相似，富含儿茶素、氨基酸、咖啡因、可溶性糖、维生素和多糖等，且具有解毒、降脂、降糖、抗癌、护肝、滋补、养颜等功效。此外茶树花气味清香雅致，富含香气前体物质键合态糖苷化合物，可水解释放出芳樟醇及其氧化物、香叶醇、水杨酸甲酯、α-萜品醇和橙花叔醇的芳香成分，并且还含有苯乙酮、己酸等香气成分。以茶树花为原料，花与果酒酿结合，进行发酵，制成含有茶树花的苹果酒，是一种富含茶多酚、氨基酸、茶多糖、蛋白质等营养物质，且色、香、味较佳的新一代风味型酒，酒精度低，色泽透亮，具有浓郁的茶花香、酒香和果香，口感柔和，酒体醇和协调。

① 工艺流程　苹果→分选清洗→榨汁→澄清过滤→成分调整→加入干茶树花→巴氏杀菌→冷却→加入葡萄酒酵母、果胶酶→第一次发酵→补充糖分→接入茶树花酵母→第二次发酵→倒酒→调配→陈酿→澄清→除菌过滤→成品酒。

② 操作要点

1）原料选择：在加工中，选择优质的苹果和茶树花。苹果清洗后榨汁，茶树花烘干后粉碎，干燥备用。

2）制备种子液：将斜面活化后的葡萄酒酵母接种到苹果汁液体培养基中，25～28℃下活化2天。

3）发酵汁的配制：苹果汁1g/100mL，用白砂糖和柠檬酸调整其糖度、酸度，添加茶树花；初始糖度为每升200g，巴氏杀菌，冷却至室温备用。

4）发酵过程：在发酵液中接入酵母12.5%（体积分数），同时添加每升果胶酶0.08g，在27℃下发酵，主发酵完成后适当补充糖分，再接入10%（体积分数）的茶树花酵母种子液（活化方法同葡萄酒酵母），进行二次发酵。

6.1.2.2 花酱

花酱是一种更具有玫瑰特征色泽及玫瑰花香和发酵香的一种调味食品。

（1）生产工艺流程

花酱的生产工艺流程如图6-4所示。

```
        去花托、杂质                        定期翻动
晾干→搓揉→成分调整（确定各成分比例）→装罐发酵→质量检验→成品
```

图6-4　花酱生产工艺流程

（2）操作要点

① 原料选择　仔细挑选花瓣，彻底清除杂质，用清水清洗花瓣，不要太使劲，用力过大容易使玫瑰花里面的营养素流失。

② 晾干　主要是将花瓣上的水分晾干，干燥程度适中，过干花瓣易脆，水分过多易影响花酱的风味与口感。

③ 搓揉　搓揉时力度适中，太过用力花瓣易破碎，影响外观；还应注意白砂糖的用量，适量糖含量才能起到腌制的效果。

④ 装罐发酵　应注意将搓好的花瓣与白砂糖分开，且底部与最上层要用白砂糖铺一层，糖花比为1.2∶1，酸花比1%（W/W），发酵时间为30天，发酵温度为30℃。

6.1.2.3　花卉酱油

将花卉，特别是具有特殊生理功效的花卉，进行发酵制备营养酱油，在品尝美味的同时，也起到了保健的功效。比如红花，其固有的药效通过配制、酿造，使人们在食用酱油时既美味又保健，对高血压、心绞痛、冠心病、动脉硬化、老年肥胖症均具有预防作用。

（1）酿造工艺流程

原料破碎→润料→蒸料→通风制曲→发酵→高温灭菌→澄清→过滤→检验→制得成品。

（2）操作要点

① 原料准备　原料逐一破碎以后，按质量百分比配制，其中红花籽30%、脱脂大豆20%、小麦20%、黄豆10%或麸皮10%为主料，食盐5%、红花或红花绒5%为辅料。

② 制曲　高温蒸料后，采用AS3.042米曲霉、AS3.350黑曲霉作为菌种制曲，温度控制在32～35℃，30～40h后即成曲。

③ 发酵　通风制曲发酵为100天，红花籽与耐盐酵母在40～50℃下低盐固态发酵；添加浸泡过的红花绒在高温灭菌时加入即可；在制得半成品时入缸，自然发酵60～70天，得红花酱油。

6.1.2.4　花卉糖浆

鲜花中含有大量的糖类物质，以花卉为原料制备糖浆，不仅具有鲜花诱人的色泽，还具有糖浆香甜可口的味道，可以直接食用，也可作为西点辅料添加，是一种广受欢迎的调味品。下面以玫瑰糖浆为例。

（1）生产工艺流程

玫瑰花→挑选、清洗→用冰水浸泡研钵→添加0.1%维生素C→冰块快速研磨→玫瑰花泥；大米粉碎（过筛40～80目）→调浆（80℃、加水比1∶3）→添加$CaCl_2$（1g/100mL）和α-淀粉酶（15 IU/g）→糊化和液化→灭酶（5min）→冷却（55～60℃，pH值4.0）→大米泥；将上述的玫瑰花泥和大米泥按比例混匀调浆→灌装→杀菌→成品→低温保存。

（2）操作要点

① 大米泥的制备　大米糊化前需浸泡，浸泡时间为12h，加水量需超过米面高度2～

3cm；磨浆细度为40～80目；糊化时淀粉浆浓度控制在30%左右（用米粉浆则控制在25%～30%），在95℃水浴上加热，并不断搅拌使受热均匀，直至淀粉浆完全糊化；液化过程用5%的Na_2CO_3调节pH值至6.5，为了保持α-淀粉酶的催化活性，淀粉浆中加入适量的$CaCl_2$（W/V，1%），α-淀粉酶添加量为10U/g，不断搅拌使其液化，并使温度保持在酶的最适温度75℃；糖化过程中，需先将液化液过滤，滤液冷却至55～60℃，调节pH值至4.0后，加入糖化酶，添加量为50U/g（以干淀粉计），然后置于恒温水浴锅中进行糖化，保持恒温60℃。

② 玫瑰花泥的护色　为防止玫瑰花色泽发生氧化，加入0.15%维生素C，冰水冷却，用冰块快速研磨成泥状。

6.1.3　焙烤制品

鲜花类甜点在市场上也颇受欢迎，随着现代食品加工工艺和现代物流的发展，让更多的人品尝到了原本受时间和空间限制的美味，如鲜花饼、桂花糕、玉兰饼等，大大丰富了现代生活的味道。

6.1.3.1　丁香暖胃饼干

丁香花除观赏价值外，既可药用又可作调味剂，乃药食兼用之品。丁香花蕾含丁香油、香油酚、乙酰丁香油酚、β-石竹烯以及水杨酸、甲酯等，故丁香具有多种生理功能。丁香味辛性温，气味芳香，不仅是一种理想的暖胃药，凡是因寒邪引起的胃疼、呕吐、呃逆、腹痛、泄泻、疝气痛以及妇女寒性痛经等，均有良好的效果。此外，大枣、山楂等都对胃寒有一定的缓解作用。添加丁香花的保健饼干既可当食物食用，又有一定缓解胃寒的保健功效。

（1）生产工艺流程

低筋粉＋酥油＋饴糖＋红糖＋奶粉＋碳酸氢铵＋碳酸氢钠＋丁香粉＋山楂粉（或陈皮粉、红枣粉等）→调和制面→压成面饼→模具刻样→静置成形→扎孔上盘→烘烤→出炉刷油→夹心→冷却→成品。

（2）操作要点

① 原料制备　大枣、山楂、陈皮、丁香花逐一进行真空冷冻干燥，并用固体粉碎机将其粉碎成颗粒大小合适的粉末，待用。红糖颗粒较大，在和面过程中不易溶解，会导致饼干内部形成孔洞，可先将红糖和酥油一起用微波炉加热至融化，待用。

② 调制面团　先将低筋粉和酥油红糖混合液使用和面机混合均匀，适量水溶解碳酸氢铵和碳酸氢钠，与饴糖一并加入，然后陆续添加丁香粉、山楂粉（陈皮粉、大枣粉），用和面机调成面团。

③ 醒发　室温条件下静置以消除面团内应力，改善面团的工艺性能，提高饼干的质量。

④ 成形　将面团辊轧呈4～5mm厚度的面片。

⑤ 模具刻样　用模具将面饼刻成适宜的形状，并加以图案美化；用扎孔器在面饼上扎上均匀的小孔，以防止烘烤时饼干起泡。

⑥ 烘烤　上火温度190℃，下火温度180℃，焙烤7min。

6.1.3.2　玫瑰花云腿月饼

云腿月饼制作方法十分考究。选用云腿的上好精肉，将其切成方丁，配以蜂蜜、白糖、淀粉制成馅料，再选上等面粉加水和匀擀制成皮，包馅，加印，放入炉中烘烤制成。烘制成的云腿月饼表面呈棕红色，光泽油润，因其松软的酥皮外有一层薄脆的硬壳，也称硬壳月饼。硬壳月饼表皮虽硬，但不会自然破裂，且口感酥、松、脆、软。将火腿与玫瑰花结合，不仅保留了鲜花特有的味道，还有火腿传统的口味，二者营养相互补充，改善风味（图6-5）。

（1）生产工艺流程

面粉、饴糖、蜂蜜、酵母、糖→调制月饼皮料；玫瑰酱、火腿、冬瓜蜜饯、芝麻→调制馅料；包馅→成形→烘烤→冷却包装。

（2）操作要点

① 制皮　按一定的比例称取面粉、白糖、猪油、水等，按一定的顺序加入和面机中，于50℃下醒发5min。

图6-5　玫瑰花云腿月饼

② 混合　将玫瑰花切成适度大小，将制馅的其他原料加入火腿，将玫瑰花与火腿拌匀后，将糖粉熟面粉拌匀，再一起混合搅拌均匀。

③ 包馅、烘烤　按皮料和馅料7∶3的比例包馅，于月饼成形机中成形，将码好盘的月饼置于预热过的烤箱内，烘烤温度为180℃，烤制20min，冷却即可。

6.1.4　果糕

6.1.4.1　刺槐花果糕

刺槐花是野生食用花之一，其味道清香甘甜，营养丰富，还具有清热解毒、凉血润肺、降血压、预防中风的功效。刺槐花是一种营养丰富且兼具药用价值的天然食品，深受消费者的喜爱。刺槐花果糕口感柔韧、质地均匀、酸甜适中、爽滑可口、风味独特。

（1）生产工艺流程

混合胶凝剂的制备→原料处理、制备→原料混合→煮制、浓缩→调配→冷却成形→切块→装盘→烘烤→真空包装→成品。

（2）操作要点

① 原料的处理与制备　刺槐花浆、山楂浆、苹果浆的制备：将干刺槐花、山楂、苹果去杂，清洗，加适量水用打浆机打成浆状，细度为50目左右。枣汁的制备：挑选果实饱满、无杂质、无病虫害的干红枣，去核，切成小块，用5倍体积的水熬煮至烂，最后用纱布过滤所得汁液。

② 原料混合　分别称取一定量的刺槐花浆、山楂浆、苹果浆、枣汁，放入锅中混合均匀。

③ 混合胶凝剂的制备　分别将果胶、琼脂、卡拉胶预先用温水浸泡吸水溶胀，然后加热使其溶解，最后热过滤，保温备用。

④ 煮制、浓缩　将混合均匀的原料进行加热浓缩，并加入白砂糖和制备好的胶凝剂，继续加热浓缩，在加热浓缩过程中，注意避免产生过多气泡，影响产品的品质。当上述混合料液含水量降至大约30%～35%时（即以汁液滴入凉水中，很快结成皮膜为终点）停止加热。

⑤ 调配　混合料液停止加热后，冷却至70℃左右时，加入柠檬酸，搅拌均匀，避免造成局部酸度过高。

⑥ 冷却成形　将已经煮好的混合料液迅速倒入成形容器中，自然冷却成形。

⑦ 切块、装盘、干燥、真空包装　待混合料液完全凝固后，切成小块，装盘，放入鼓风干燥箱中进行干燥，取出后，冷却至室温，最后真空包装成品。

6.1.4.2　玫瑰芙蓉糕

将玫瑰花与芙蓉糕结合，有效利用了玫瑰花天然的色泽、香味及功效，配合芙蓉糕的营养价值，生产一种营养丰富的休闲食品。该食品具有口感香酥柔软、甜而不腻、无粗糙感或粘牙感、表面光滑细腻、质地紧密均匀、滋味纯正、香气适中，具有玫瑰花特有的香味，色泽呈金黄色带玫红色。

（1）加工工艺流程

高筋粉、低筋粉、鸡蛋→混合→擀切成形→油炸→冷却→炒糖→粘接→成形→冷却→切块→包装→成品。

（2）操作要点

① 面片成形　将高筋面粉：低筋面粉：泡打粉：小苏打：酵母粉：奶粉：鸡蛋按照19：7：0.6：0.15：0.3：6：12的比例进行混合，鸡蛋混合前要充分打匀；将其揉匀揉光成面团，并放置醒面10～20min，再擀切成形，擀切时需不断添加适量生粉，以免擀切后的面片粘连，最后通过筛网筛去多余的附着于面片上的生粉。

② 油炸　油炸时应不断翻搅，以免受热不均匀，影响口感色泽。在油炸完成后，用吸油纸干燥，以除去过量油。

③ 炒糖　将白砂糖与麦芽糖和玫瑰糖浆混合均匀，小火熬煮，熬糖的过程中，应不断搅拌，防止糖稀因受热不均匀而部分焦化，结束前30s放入切好的玫瑰花瓣。

④ 黏接　将糖稀滴入冷水中，凝固成球状。将已经冷却好的油炸面片或面丝与带有玫瑰花瓣的糖稀混合，轻轻搅拌，直至混匀即可。

⑤ 成形切块　将粘接好的制品装入模具（模具应事先涂上一层食用油），压平成形后，待制品冷却成形，切块。

6.2　食用部位——叶

可食用园艺植物中，主要利用花进行食品加工或者直接食用，也有一些园艺植物可利用叶部分作为食材，如香椿、马兰、冰菜（图6-6）、蒲公英、紫苏、薄荷、食叶枸杞等。由于植物叶片中不仅含有大量的微量元素和营养成分，也含有大量水分，从而限制其在工业上的应用，因此主要用于鲜食或烹饪加工，仅有少量在工业中用于蜜饯制作。

图6-6　冰菜

在工业上应用广泛的是使用香椿生产蜜饯。从营养学的角度来说，香椿不仅风味独特，诱人食欲，而且营养价值较高，除了含有蛋白质、脂肪、碳水化合物外，还含有钾、钙、镁元素；B族维生素的含量在蔬菜中也是名列前茅；同时还富含磷、胡萝卜素、铁、维生素C等营养物质。香椿中的香椿素等挥发性芳香族有机物，可健脾开胃，增加食欲。香椿中还含有维生素E和性激素物质，有抗衰老和补阳滋阴的作用，故有"助孕素"的美称。香椿具有清热利湿、利尿解毒之功效，是辅助治疗肠炎、痢疾、泌尿系统感染的良药。香椿的挥发气味能透过蛔虫的表皮，使蛔虫不能附着在肠壁上而被排出体外，可用治蛔虫病。香椿含有丰富的维生素C、胡萝卜素等，有助于增强机体免疫功能，并有润滑肌肤的作用，是保健美容的良好食品。

（1）生产工艺流程

香椿是时令名品，将其制成蜜饯可克服其时节限制，扩大香椿的应用范围。香椿低糖蜜饯具有浓郁的香椿香气，生产工艺流程为：原料→选别→整理→漂洗→热烫→硬化→护色→漂洗→第一次糖制→第一次烘烤→第二次糖制→整形→第二次烘烤→上霜→第三次烘烤→检验→包装→成品。

（2）操作要点

① 热烫

热烫过程中应注意避免颜色发生严重变化，热烫温度为60℃，时间为1min。

② 硬化护色

硬化护色中加入$CaCl_2$ 0.3%、NaCl 1.5%、Na_2SO_3 0.3%、KH_2PO_4 4.0%，处理时间为30min。

③ 第一次糖制

蔗糖加入量为30%、葡萄糖为4%、蛋白糖为0.8%，糖制时间为20min。

④ 第一次烘烤

烘烤温度70℃，时间为10min；烘烤过程要严格控制时间。

⑤ 第二次糖制

原糖液+卡拉胶0.2%+魔芋胶0.38%，时间为15min。

⑥ 第三次烘烤

温度70℃，时间为120min。

⑦ 上霜

糖50%+葡萄糖50%。

⑧ 第三次烘烤

温度40℃，时间为8h。

6.3 食用部位——根

大部分的蔬菜都有根，尤其是根茎类的蔬菜。在食用这些蔬菜中，一般只食用其茎部，不食用根部。但可食用园艺植物中，也有一些可利用根作为食材，如芹菜、菠菜、白菜、芥菜、甜菜等。通常来讲，蔬菜的根部受污染程度最小，且根部的营养价值也比较高，同时富含胡萝卜素、维生素B_1、维生素B_2、维生素C、粗纤维以及蛋白质、脂肪和钙、磷、铁等。很多园艺植物的根部可做成各种美味佳肴，具有养生保健的功效。有的园艺植物根部还作为药食同源植物，如白菜根，具有清热利水、解表散寒、养胃止渴的功效。将白菜根洗净切片，与生姜、葱白等煎汤服用，可治疗感冒初期的恶寒发热、胃热阴伤。因此将植物根部应用于食品中不仅可赋予食品独特的口感，而且还具有丰富的营养价值及保健功能。

6.3.1 芹菜根

芹菜根味甘微苦，具有平肝、清热、祛风、利水、止血、解毒等功效，能够健脑提神、润肺止咳，可以食疗高血压，动脉硬化，也可以降低胆固醇。芹菜根含有丰富膳食纤维、维生素及磷、钙。

（1）芹菜根咸菜

① 原料

芹菜叶20g，芹菜根5g，盐2g，鸡精1g，蒜末8g，酱油、橄榄油、米醋适量。

② 做法

将芹菜根、芹菜叶洗净备用，倒入开水锅中汆一下，汆1min左右捞出，用冷水冲洗干净备用；放入配料，把配料搅拌均匀后即可。

（2）椒盐菜根

① 原料

芹菜根150g，大蒜根150g，鸡蛋1个，盐15g，烹调油、五香粉、胡椒、泡打粉适量。

② 做法

将芹菜根、大蒜根冲洗干净，并用适量面粉清洗干净备用；在碗中放入适量面粉，放入一个鸡蛋，适量盐，胡椒，五香粉，泡打粉等调料，加入少量的水搅拌均匀；将洗净的菜根放入搅拌好的鸡蛋液中，将锅烧热，倒入适量的油，将每根菜根均匀地裹上鸡蛋混合液，放入烧至五六成热的油中炸，捞起初步炸好的菜根；再将油继续加热至七八成热，放入菜根复炸，炸到金黄色后捞出，并用厨房纸巾吸收多余的油；摆入盘中，再在一小碟中盛入椒盐即可。

（3）腌制芹菜根

① 原料

黄瓜150g，芹菜根100g，香菜根适量，青椒100g，烹调油20g，酱油200g，精盐10g，花椒1茶匙，生姜1块。

② 做法

将黄瓜、青椒、芹菜根与香菜根清洗干净，放阴凉通风处晾干表面水分；黄瓜切成厚片，撒入精盐腌渍1h，青椒、香菜根、芹菜根撒少许精盐腌渍；锅里倒入油，放入花椒爆香，倒入酱油，倒入等量的清水烧开，把腌渍好的各种果蔬放入洁净容器里，倒入晾凉的酱油料汁，腌渍数小时即可。

（4）芹菜香粥

① 原料

新鲜芹菜根60g，粳米50～100g。

② 做法

把芹菜的茎和叶分别择下来，清洗干净，芹菜茎切成小段，芹菜叶切散，分开放置备用；将芹菜根清洗干净，切成碎末备用；粳米淘洗干净，备用。把芹菜根和粳米放入锅中，加入适量的水开始煮制，煮好后，先放芹菜茎煮熟，再放入芹菜叶稍煮片刻，最后加少许盐或糖调味即可。

芹菜粥有清热平肝、固肾利尿的功效，适用于高血压、糖尿病患者，对老年人的高血压、血管硬化、神经衰弱等有辅助治疗的作用。

（5）芹菜根茶饮

① 原料

芹菜650g。

② 做法

芹菜茎和叶炒干、炒香，芹菜根清洗干净，再用清水泡制过夜；再次用清水清洗后，放入小奶锅中，加适量清水，小火炖煮10min左右，待清水的颜色变为草绿色即可；倒入杯中，晾凉后直接饮用。

6.3.2 菠菜根

（1）菠菜根炒银耳

菠菜根营养丰富，含有膳食纤维、维生素和矿物质，具有通肠胃、调中气、活血脉之功效，适用于消化不良、便秘、跌打损伤等症；银耳既有补脾开胃的功效，又有益气清肠、滋阴润肺的作用，既能增强人体免疫力，又可增强肿瘤患者对放、化疗的耐受力。它富有天然植物性胶质，具有滋阴的作用，长期食用能润肤美肤。将红绿相间的菠菜根与银耳一起同炒食，银耳质脆，菠菜清新，色泽艳丽，美味滋补。

① 原料

菠菜根30棵，银耳1/2朵，烹调油、盐、红椒、姜适量。

② 做法

菠菜根部去掉外皮，仔细清洗沥水后备用；银耳泡发去根撕成小朵，将银耳放入沸水中略焯；再将菠菜根放在水中略焯，捞出备用；锅中放适量油，放入姜丝、红椒段炒香，将银耳和菠菜根一起放入，大火爆炒30秒，关火后加入适量盐调味即可。

（2）菠菜根炒鸡蛋

① 原料

菠菜根适量，鸡蛋两只，盐适量。

② 做法

将菠菜根洗净，放入沸水中焯烫1min左右，捞出沥净水分备用；鸡蛋打入碗中，打散备用。炒锅倒油烧热，倒入鸡蛋液炒熟，然后放入菠菜根，加盐翻炒均匀即成。

（3）菠菜根银耳汤

① 原料

银耳30g，菠菜根10棵，姜片3片，陈皮1块，料酒1匙，盐3g。

② 做法

银耳用温水泡发后撕成小朵，加少许水入锅中，大火煮开，转至中小火；菠菜去叶留根，清洗干净备用；陈皮去掉白芯，提前用水泡软；银耳熬煮30min左右时加入陈皮、姜片；继续煮制10min左右，放入菠菜根；菠菜根煮制软烂后，关火，加入盐、料酒调味即可。

6.3.3 白菜根

白菜根味甘，性微寒，具有清热利水、解表散寒、养胃止渴的功效。在我国古代，民间常用白菜根煮水治疗感冒，具有不错的疗效。此外，白菜根含有丰富的膳食纤维，促进排毒、刺激肠胃蠕动、促进大便排泄、帮助消化，对预防肠癌有良好作用。

（1）香辣白菜根

① 原料

白菜根150g，胡萝卜50g，干红辣椒5g，大蒜5g，玉米胚芽油5g，香菜、盐、糖、生抽、香醋、味精各适量。

② 做法

白菜根削掉外面的硬皮，切成片，胡萝卜切片；将白菜根片和胡萝卜片一起撒盐拌匀，腌制30min以上；干红辣椒切段，大蒜剥成蒜瓣，剁成蒜末备用；将腌好的白菜根片和胡萝卜片滤掉水分，用清水冲洗掉表面的盐分，沥净水分；将沥干水分的白菜根和胡萝卜与配料糖、生抽、陈醋、味精等拌匀备用；炒锅倒入玉米胚芽油，等油温达五六成热时，放入红椒段和蒜末，小火煸香，然后在辣椒和蒜末微黄时趁热浇在拌好的白菜根片和胡萝卜片上，撒上香菜即可。

（2）白菜根生姜饮

① 原料

白菜根两棵，冰糖50g，生姜30g。

② 做法

把白菜根切下来，洗净备用；准备冰糖、生姜备用；取出汤锅，把白菜根倒进去，加水，水只需要略超过白菜根即可，因为白菜根本身水分比较大；水加好后，开始煮制，先用大火熬，水沸腾后加入生姜，搅拌均匀，熬制过程中不断搅拌，以免水溢锅。熬大概30min后，加入冰糖并搅拌均匀，转至小火继续熬制，熬制过程中不断搅拌，直至熬化。熬制大约1h，待白菜根完全融化，盛装到容器中，晾凉后即可食用。

白菜根生姜饮可治疗风寒感冒，针对痰多、咳嗽症状有良好效果。

（3）白菜根大枣汤

① 原料

白菜根60g，蒜苗15g，大枣10个。

② 做法

白菜根切成小丁、蒜苗切段备用，大枣切花刀，用水煮制30min，晾凉后饮用即可，可以治疗溃疡、口腔黏膜病等疾病。

（4）酱香白菜根炒藕片

① 原料

白菜根100g，藕1节，生抽3g，香酱1勺，鸡精2g，葱、烹调油适量。

② 做法

藕去皮后跟白菜根切成片；锅里倒入油、葱炒香，然后加入切好的白菜根炒匀，白菜根炒匀后加入藕片翻炒，大火不停翻炒；然后加入适量生抽，炒匀后加入一勺香酱，快速翻炒3min，炒匀后加入适量清水炖3～5min，随后加入鸡精调味，炒匀后关火即可。

6.3.4　芥菜根

（1）炒芥菜根

① 原料

芥菜根500g，猪肉100g，盐、料酒、鸡精适量。

② 做法

芥菜根去皮、切块、备用。锅内放入猪肉，小火熬出油；大火，加入少量瘦肉，翻炒片刻，再倒入芥菜根，翻炒，倒入适量盐、料酒，再倒入适量的水，盖上盖子，中火烧15min左右，最后放点鸡精即可。

（2）白煮芥菜根

① 原料

芥菜根300g，蒜、盐、醋、老抽适量。

② 做法

挑选外表光滑，肉质饱满的芥菜根，清洗干净备用；蒜剁碎备用，芥菜根剁成大小长短均匀的小块；锅中放入适量清水、盐，将芥菜根在锅中煮10min左右，然后放入适量老抽和醋，放在盘子里，蘸酱食用即可。

（3）红椒爽脆芥菜根

① 原料

芥菜根350g，烹调油5g，盐4g，生抽、蒜、红辣椒适量。

② 做法

芥菜根洗净切粗丝，蒜切碎，红辣椒切丝备用；热油炒香蒜粒，待蒜粒出香味时，倒入芥菜根大火爆炒，淋入适量的生抽炒匀，加入红辣椒一起翻炒，加入盐调味即可。

6.3.5 甜菜根

甜菜又名菾菜或红菜头，原产于欧洲西部和南部沿海，从瑞典直到西班牙，是热带除甘蔗以外的一个主要的糖来源。在古希腊，人们把甜菜根作为供品奉献给太阳神阿波罗。

（1）甜菜根苹果冻茶

① 原料

市售纯苹果汁450mL，热开水150mL，熟甜菜根125g，伯爵茶包2袋，细砂糖30～50g（根据口味确定），明胶片10g；其他辅助设备和器皿。

② 做法

将明胶片泡入冷水使其软化；纯苹果汁加热约30min浓缩到1/3量，即150mL；甜菜根切小块与热开水一起用果汁机打碎后浸泡2min，得到150mL的甜菜汁，将苹果汁与甜菜汁混合煮开后放入茶包浸泡3～4min；加入细砂糖煮开茶汁，加入泡软的明胶片搅匀，使明胶片完全融化，将茶汁倒入模具（成形后切小方块）；放在室温下冷却后，放冰箱里冷藏至少2h，每个杯子里放入2～3块小冻茶，接着注入开水，搅拌后饮用。

（2）甜菜根胡萝卜汁

① 原料

甜菜根1棵，胡萝卜2根，无子莱姆1/2棵，凤梨2～3小块。

② 做法

甜菜根削皮，切成大小均匀小丁，胡萝卜削皮，切成大小均匀小丁，莱姆跟凤梨切小丁，所有材料依序放入榨汁机榨汁即可。该汁清新爽口，营养健康。

（3）甜菜根戚风蛋糕

① 原料

蛋黄4个，细砂糖5g，奶油30g，甜菜根汁60g，低筋面粉65g，柠檬汁1/2茶匙，蛋清3个，糖35g。

② 做法

蛋黄、蛋清分开；烤箱打开，预热150℃，甜菜根汁加糖和奶油放入锅中加热至糖及奶油完全融化，面粉过筛后加入，快速拌匀，再加入蛋黄混合；蛋清中加入柠檬汁和糖，使用搅拌器打发成蛋白霜，蛋黄、蛋清搅拌在一起后，放入烤箱（160℃）中烤制40min即可。

（4）甜菜根牛肉果蔬汤

① 原料

牛腩500g，甜菜根1棵，苹果1个，洋葱1/2个，番茄1棵，西芹1把（适量），蒜4瓣，橄榄油3匙，胡椒适量，迷迭香1匙，海盐1匙。

② 做法

牛腩切块后，放入冷水中煮开，氽烫去掉血水，洗净后备用；将苹果、西芹、番茄、洋葱都切成小块；锅中放入橄榄油，炒香蒜瓣，随后放入西芹和洋葱，炒至洋葱略微透明。接着放入番茄丁翻炒，洒入胡椒粒；放入切成小方块的甜菜根，继续翻炒5～6min；炒锅加热，放入一勺橄榄油，将准备好的牛腩放入，稍微翻炒一下，接着倒入已经炒好的蔬菜丁，放入生抽后在锅中拌均匀；加入2/3的水，稍稍没过牛腩1cm左右即可，水开后继续煮制约1h，随后放入香料迷迭香或西芹末，再放入小苹果丁，继续炖煮半小时，加盐调味即可。

（5）甜菜根香橙色拉

① 原料

甜菜根、海盐、黑胡椒、麝香草适量，大蒜3瓣，紫洋葱半个，香橙2个，芝麻菜、松仁适量；葡萄醋16mL，鲜榨橙汁16mL，紫洋葱切末20g，第戎芥末10g，橙皮碎1个，初榨橄榄油30mL。

② 做法

烤箱预热200℃；将甜菜根去皮，整个放入锡纸中，加入切碎的洋葱、大蒜以及麝香草，撒上少许黑胡椒以及海盐调味，最后加上1大勺橄榄油以及2大勺水，将锡纸包起来放入烤箱烤40min左右，至甜菜根熟透。取出甜菜根稍稍冷却，待完全冷却后切块待用；同时准备醋汁，将所有材料混合均匀待用（取橙皮碎之前，先将橙子表面的蜡洗净）；将甜菜根以及芝麻菜稍稍混合，装盘；加上香橙肉，撒上烤过的松仁，均匀淋上醋汁即可。

（6）甜菜根炒饭

① 原料

甜菜根100g，鸡蛋3个，姜15g，冷饭1大碗，盐适量，海苔香松少许，鸡高汤1匙。

② 做法

姜切丝备用，甜菜根去皮，切丁；鸡蛋去壳，在碗中打匀备用；起油锅，放入姜丝煸到变干，将姜丝捞起，再放入甜菜根丁炒软后捞起备用；用锅内的余油放入打散的蛋液，快速翻炒，下冷饭翻炒后，放入炒软的甜菜根、煸干的姜丝，炒香后调味起锅，盛入碗中，洒些海苔香松即可。

思考题

1.常见的家居园艺植物食用部位为花的主要有哪些？主要产品类型是什么？

2.常见的家居园艺植物食用部位为根的有哪些特色美食？具有特定保健功能的有哪些？

第7章
园艺植物的饮食禁忌

人们日常所说的食物禁忌,其含义包括两个方面,一是患者饮食禁忌,即通常所说的"忌口"。长期积累的经验告诉我们,某些疾病在恢复或治疗的过程中,必须忌吃某些食物,不然会引起疾病的复发或加重。二是食物的配伍禁忌,即某些食物不宜混在一起吃,否则会引起中毒,即所谓的"食物相克"。食物相克的说法多种多样,如民间认为葱与蜜、柿与蟹等皆不可同食。食物本来是人们赖以生存的物质,用之得当,足以去病强身,延年益寿;用之失当,则可能危害健康,加重病情。对于古籍记载和民间流传的食物相克,大部分是古代医家和劳动人民长期实践的积累,具体情况应做具体分析。

从现代营养学角度来看,食物都是复杂的有机化合物,包括各种营养素和化学成分;食物进入体内后,由于消化液和酶的作用,其化学变化是极为复杂的,它们在吸收代谢过程中,各成分之间更是互相联系、彼此制约的。它们之间的相互作用,主要有3种基本形式:①转化作用,即在特定的条件下或由于酶的催化,一种营养物质转化为另一种营养物质,如碳水化合物、蛋白质和脂类,根据机体的需要而相互转化;在核黄素的参与下,色氨酸转变为烟酸等。②协同作用,即一种营养物质促进另一种营养物质在体内的吸收或存留,从而减少另一种营养物质的需要,以有益于机体健康。如维生素A促进蛋白质合成,维生素D促进钙的吸收,维生素E和微量元素硒都能保护体内的易氧化物质等。③拮抗作用,在吸收代谢过程中,由于两种营养物质间的数量比例不当,使一方阻碍另一方吸收或存留的现象,如钙与磷、钙与锌、纤维素与锌、钙与草酸、草酸与铁等。因此,注意饮食的营养与忌口,充分发挥食物的食疗作用,对人的养生、健身和延年益寿等大有裨益。

7.1 园艺植物饮食的性能归类

对园艺植物饮食的性能归类,一般可有3种方法:按食物的食性进行归类、按食物的食味进行归类、按食物的归经进行归类。这3种归类方法各有其侧重点,同时使用能对食物的性能有详细、全面的了解。

7.1.1 按食性归类

食性是指食物进入人体内之后,其对人体机能产生的寒、凉、热的作用,比如有的食物吃后能令人作热,有的食物吃后则令人作凉,有的食物吃后则令人作寒等。日常膳食食物按食性归类分为:寒性食物、凉性食物、平性食物、温性食物和热性食物。

(1)食性为寒性的食物
蔬菜类:苦菜、苦瓜、蕹菜、西红柿、茭白、蕨菜、瓠瓜、冬瓜、黄瓜、慈姑、竹笋等。

瓜果品类：西瓜、甜瓜、香蕉、柿子、桑葚、柚、荸荠等。

（2）食性为凉性的食物

粮豆类：大麦、小麦、小米、绿豆、豆腐、荞麦等。

蔬菜类：茄子、白萝卜、油菜、菠菜、丝瓜、苋菜、芹菜、蘑菇等。

瓜果品类：柑、梨、苹果、枇杷、橘、橙子、芒果、菱角、薏米等。

（3）食性为平性的食物

粮豆类：粳米、陈米、玉米、黑豆、赤豆、黄豆、蚕豆、甘薯、扁豆、豌豆、豇豆等。

蔬菜类：香樟、洋葱、土豆、黄花菜、荠菜、香椿、大头菜、白菜、芋头、胡萝卜、黑木耳、白木耳等。

瓜果品类：葡萄、南瓜子、白果、百合、橄榄、黑芝麻、榛子、无花果、李子、榧子、花生等。

（4）食性为温性的食物

粮豆类：糯米、高粱、刀豆等。

蔬菜类：韭菜、南瓜、生姜、葱、薤白、芥菜、香菜、大蒜等。

瓜果品类：木瓜、香橼、佛手、龙眼、杏、桃、樱桃、石榴、乌梅、荔枝、栗、枣、核桃等。

（5）食性为热性的食物

调味品类：芥子、辣椒、花椒、胡椒等。

水产类：鳟鱼等。

7.1.2　按食味归类

中国传统医学把辛、甘、酸、苦、咸5种不同的味道称为"食物五味"。

（1）食味为辛性的食物

蔬菜类：辣椒、白萝卜、大头菜、芹菜、韭菜、芥菜、香菜、油菜、生姜、葱、洋葱、大蒜等。

瓜果品类：香橼、佛手、陈皮等。

（2）食味为甘性的食物

蔬菜类：黑木耳、白木耳、丝瓜、瓠瓜、冬瓜、黄瓜、南瓜、蘑菇、白菜、黄花菜、洋白菜、芹菜、蕹菜、蕨菜、菠菜、荠菜、茄子、西红柿、茭白、白萝卜、胡萝卜、洋葱、竹笋、芋头等。

瓜果品类：百合、山楂、核桃、花生、西瓜、甜瓜、罗汉果、薏米、苹果、梨、桃、柑、杏、李子、甘蔗、柿子、橄榄、荸荠、香蕉、椰子、樱桃、龙眼等。

（3）食味为酸性的食物

瓜果品类：橙、桃、李子、梅、橄榄、柠檬、枇杷、山楂、椰子、石榴、荔枝、芒果、葡萄、佛手、柑、杏、橘、柚等。

（4）食味为苦性的食物

蔬菜类：苦菜、苦瓜、薤白、慈姑、百合、槐花、芥菜、香椿等。

瓜果品类：佛手、白果等。

（5）食味为咸性的食物

粮豆类：大麦、小米等。

蔬菜类：苋菜、海带、紫菜。

7.1.3 按归经归类

（1）归心经的食物

粮豆类：绿豆、赤豆、陈米、小麦等。

蔬菜类：芹菜、慈姑、苦瓜、莲、藕、瓠瓜等。

瓜果品类：甜瓜、柿子、椰子、西瓜、百合、柠檬、桃、龙眼等。

（2）归肺经的食物

粮豆类：薏米、糯米、豆腐浆、豆腐皮等。

蔬菜类：白木耳、蘑菇、慈姑、薤白、茼蒿、竹笋、芦笋、生姜、葱、芥菜、香菜、茭瓜、洋葱、大蒜、白萝卜、胡萝卜、芹菜、瓠瓜、冬瓜、山药、马兰头等。

瓜果品类：猕猴桃、柠檬、橄榄、松子、梨、梅、橘、柚、甘蔗、柿子、百合、花生、枇杷、白果、香蕉、椰子、罗汉果、葡萄、核桃、榧子、杨梅、橙等。

（3）归肝胆经的食物

蔬菜类：茼蒿、黄花菜、枸杞菜、马兰头、西红柿、丝瓜、油菜、荠菜、香椿、韭菜、慈姑、旱芹、槐花等。

瓜果品类：枇杷、山楂、樱桃、桑葚、梅、李子、柚、桃、荔枝、芒果、无花果、松子、芝麻、金橘等。

（4）归脾经的食物

粮豆类：蚕豆、扁豆、豌豆、豇豆、黄豆芽、粳米、糯米、小米、大麦、小麦、高粱、甘薯、荞麦、薏米、黑豆、黄豆、豆腐皮、豆腐、腐乳等。

蔬菜类：荠菜、芥菜、芋头、南瓜、胡萝卜、辣椒、花椒、大蒜、生姜、香菜、苦菜、茄子、西红柿、茭瓜、油菜、山药等。

瓜果品类：山楂、罗汉果、荔枝、芒果、无花果、龙眼肉、葡萄、陈皮、香橼、花生、猕猴桃、香蕉、椰子、梅、橘、栗、枣、柚、苹果、枇杷等。

（5）归肾经的食物

粮豆类：蚕豆、黑豆、刀豆、豇豆、小麦、小米、甘薯、薏米等。

蔬菜类：香椿、韭菜、黄花菜、山药、大蒜、荠菜、枸杞菜等。

瓜果类：桑葚、黑芝麻、栗、李子、葡萄、核桃、杨梅、樱桃、石榴、白果、西瓜等。

（6）归胃经的食物

粮豆类：绿豆、黑豆、蚕豆、扁豆、豌豆、粳米、糯米、玉米、大麦、黄豆芽、豆腐皮、豆腐、腐乳等。

蔬菜类：南瓜、黄瓜、苦瓜、茄子、芹菜、白菜、包心菜、蕹菜、韭菜、莴苣、大蒜、葱、白萝卜、胡萝卜、芋芳、土豆、生姜、马兰头、苜蓿、黑木耳、白木耳、香蕈、蘑菇等。

瓜果品类：香蕉、梨、榧子、大枣、山楂、刺梨、橘、西瓜、甘蔗、猕猴桃、甜瓜、栗子等。

（7）归小肠经的食物

粮豆类：赤豆。

蔬菜类：苋菜、苜蓿、黄瓜等。

（8）归大肠经的食物

粮豆类：荞麦、玉米、黄豆、豆腐等。

蔬菜类：白菜、蕹菜、菠菜、芥菜、莴苣、竹笋、土豆、冬瓜、苋菜、茄子、黑木耳、蘑菇等。

瓜果品类：桃、苹果、柠檬、石榴、柿、梅、杨梅、樏子等。

（9）归膀胱经的食物

粮豆类：黄豆芽、赤小豆。

蔬菜类：白菜、冬瓜。

瓜果品类：西瓜。

7.2 常见蔬菜食用禁忌

7.2.1 白萝卜

忌在食用中草药时食用。例如，服用人参就不宜吃萝卜，因为人参本来是滋补性药物，而萝卜却有消食作用，抵消了人参的营养价值。忌与胡萝卜同吃。白萝卜的维生素C含量极高，但胡萝卜中有一种叫抗坏血酸的解酵酶，会破坏白萝卜中的维生素C。忌与橘子同吃。当白萝卜被摄入人体后，可迅速产生一种叫硫氰酸盐的物质，并很快在人体内代谢产生硫氰酸。橘子中的类黄酮在肠道内转化成羟苯甲酸及阿魏酸，它们可以加强硫氰酸抑制甲状腺的作用，从而诱发或导致甲状腺肿大。

7.2.2 胡萝卜

胡萝卜是脂溶性物质，因此不宜生食；胡萝卜不宜多吃，否则肝脏无法代谢，血液中胡萝卜素过多，会使皮肤变黄；同时，胡萝卜也不宜单吃，烹调时加些油脂或肉类，可以使胡萝卜素更加容易溶解，以便更好地被人体吸收。烹饪时加热时间不宜过长，以免破坏胡萝卜素。烹调胡萝卜时，不宜加醋，否则会造成胡萝卜素流失。不宜与酒同食。胡萝卜素与酒精同进入人体，会在肝脏中产生毒素，易导致肝病。不宜与萝卜同食。不宜与富含维生素C的蔬菜（如菠菜、油菜、菜花、番茄、辣椒等），水果（如柑橘、柠檬、草莓、桃、梨、枣等）等同食，否则会降低其营养价值。脾胃虚寒者不宜多食。

7.2.3 芋头

忌与香蕉同食，容易引起腹胀；芋头烹调时一定要烹熟，否则其中的黏液会刺激咽喉；有痰、过敏性体质（如荨麻疹、湿疹、哮喘、过敏性鼻炎）者、小儿食滞、胃纳欠佳以及糖尿病患者忌食。

7.2.4 菜花

切忌爆炒时间过长，否则会造成养分丢失及影响口感。菜花与黄瓜同炒同炖时，易造成养分分解。因此应分开煸炒后再合盘。菜花不宜与猪肝同食。菜花纤维中的醛糖酸基与猪肝中的铁、锌等微量元素会发生反应，因此两者同食会导致人体对这些元素的吸收大大降低；猪肝中的铜、铁元素还会使菜花中的维生素C氧化为脱氢抗坏血酸，而失去原来的功效。菜花中含有少量导致甲状腺肿大的物质，经常食用者应注意补充碘。

7.2.5 番茄

不宜食用未成熟的番茄，因为未成熟的番茄里含有龙葵碱，食后会使口腔苦涩、胃部不适，吃多了还可能导致中毒。脾胃虚寒及月经期间的妇女不宜生吃番茄。不宜空腹食用大量番茄，因为番茄中所含的许多化学成分，易与胃酸结合生成块状结石，引起胃部胀痛。患有急性胃肠炎、急性细菌性痢疾的病人不宜吃番茄，以免病情加重。不能食用腐烂变质的番茄，以防中毒。忌与石榴同食。忌与虾蟹类同食，同吃会生成砒霜，有剧毒。

7.2.6　大白菜

饮食过量易引起胃酸过多；胃寒、腹痛、腹泻及寒痢者应该尽量少食；杜绝食用腐烂、放置时间过长、半生半熟或反复加热的大白菜，否则极易引起中毒。

7.2.7　韭菜

胃热炽盛者不宜多食；隔夜的熟韭菜不宜再吃；不宜吃多，否则会导致轻微腹泻；阴虚、发高烧、孕妇慎服。

7.2.8　芹菜

脾胃虚寒，肠滑不固者宜慎食；血压偏低者、婚育期男士应少吃；不宜与海米、醋、黄瓜、南瓜、黄豆、菊花、鸡肉、兔肉、甲鱼肉、虾、蟹、蚬、毛蚶、蛤蜊等同食。黄瓜，会分解破坏芹菜中的维生素C，使营养价值降低；蚬、蛤蜊、毛蚶、蟹、甲鱼、菊花、鸡肉等，与之同食，时其中的维生素B_1大部分会被破坏。

7.2.9　香菜

不可多食，否则会耗元气、损精神；不可与黄瓜同食，否则会破坏香菜中的维生素C；龋齿者勿食；不宜与补药同食，否则会削弱药效。胃溃疡、脚气、口臭、狐臭者忌食，以免加重症状；麻疹透发后忌食。

7.2.10　芥菜

小儿及消化功能不足者不宜食；发热疮疡、内热偏盛者、瘙痒病皮肤病患者，单纯性甲状腺肿、疮疥、目疾、痔疮便血及各类癌症患者忌食。

7.2.11　菠菜

肠胃虚寒腹泻者少食；肾炎和肾结石患者不宜食；大便溏薄者忌食；肾功能虚弱者不宜多吃。豆腐、乳酪、虾皮、牛奶等含钙较高，因菠菜中草酸含量较高，故两者易结合在人体内形成结石。

7.2.12　金针菜

皮肤瘙痒患者忌食；含有较多粗纤维，肠胃不好者慎食；忌单独炒食，应与其他食料配合炒食；鲜黄花菜中含有秋水仙碱，不能鲜食，否则会引起中毒，宜以干制品食用。

7.2.13　马齿苋

脾胃索虚、泻便溏者忌食；怀孕妇女，尤其是有习惯性流产者忌食；不宜与甲鱼同食，否则导致消化不良、食物中毒等症。与鳖甲、胡椒、蕨粉等同食，易产生不良反应。

7.2.14　莴笋

近视、目疾者不宜过食，易导致夜盲症或诱发、加重眼疾；脾胃虚寒、腹泻便溏者、产后妇女、女性月经期间或寒性痛经者忌食。

7.2.15　竹笋

竹笋不可与羊肝同食；溃疡、胃出血、肾炎、肝硬化、肠炎、尿路结石、低钙、骨质疏松、佝偻病患者不应多吃。与糖浆、羊肉等同食，易致胃肠道不适。

7.2.16　藕

莲藕性寒，产妇不宜过多食用；脾胃消化功能低下，大便溏泄者不宜生吃；购买时，应挑选外皮呈黄褐色，肉肥厚而白的莲藕，如果发黑，有异味，则不宜食用；忌用铁器煮莲藕，以免莲藕变黑。

7.2.17　茄子

茄子性凉，哮喘、脾胃虚寒、消化不良、容易腹泻的人，均不宜多食。不宜与黑鱼或螃蟹同食，可能会导致腹泻，会损伤肠胃。手术前切勿吃茄子，茄子含有一种叫SCAS的物质，可能会使麻醉剂无法被正常分解，因此会拖延病人苏醒的时间，影响病人康复速度。被水泡过又存放的茄子不宜食用。茄子表皮有一层保护细嫩致密肉质的蜡质，浸泡后蜡质会变脆，容易被破坏，从而导致茄肉抵抗力下降，微生物入侵，引起茄肉腐烂变质，食用后易引起肠胃疾病。

7.2.18　冬瓜

冬瓜性寒，脾胃虚寒，易泄泻、腹泻、便溏者慎用；久病与阳虚肢冷者忌食。女子月经期间和寒性痛经者忌食。忌与鲫鱼、滋补药同食，两者均有较强的利尿脱水作用，同食易因利水作用过强而致机体脱水。冬瓜性凉，不宜生食。

7.2.19　苦瓜

苦瓜性凉，脾胃虚寒者不宜食用，食之令人吐泻腹痛；苦瓜含奎宁，会刺激子宫收缩，引起流产，因此孕妇忌食；一次不宜吃得过多。

7.2.20　黄瓜

黄瓜性凉，胃寒患者不宜多食，否则会导致腹痛腹泻。不宜生吃太多。肥胖症、肝病、心血管病、肠胃病及高血压者不宜吃腌黄瓜。患疮疖、脚气、虚肿者勿食。不宜加碱或高热煮后食用。西红柿、辣椒、菜花、菠菜、芥蓝、苦瓜等蔬菜含有较多的维生素C，而黄瓜中含有一种维生素C分解酶，会破坏维生素C，因此最好不要同食。

7.2.21　南瓜

南瓜性温，且偏壅滞，素体胃热炽盛者及气滞中满者少食。不宜过量食用，否则不仅会胃灼热难受，还会导致胡萝卜素黄皮症的产生。不宜与羊肉、虾同食，不可与螃蟹、鳝鱼、带鱼等同食，易中毒。切不可与鹿肉同食，有导致死亡的危险。不宜与富含维生素C的食物同食。患有脚气、黄疸者应少食。

7.2.22　丝瓜

丝瓜性寒滑，多食易致泄泻；不可生食。脾胃虚寒、腹泻者忌食。丝瓜汁水丰富，宜现切现做，以避免营养成分随汁水流走。丝瓜的味道清甜，烹煮时不宜加酱油和豆瓣酱等口味较重的酱料，以免抢味。

7.2.23　黄豆

幼儿、尿毒症患者忌食，对大豆有过敏体质者不宜多食；不宜多食炒豆；生大豆含有不利健康的抗胰蛋白酶和凝血酶，所以大豆不宜生食，夹生大豆也不宜吃，不宜干炒食用；消化功能不良、有慢性消化道疾病的人应尽量少食，否则会造成胀肚等现象；患有严重肝病、肾病、痛风、消化性溃疡、低碘者忌食；患疮痘期间不宜吃大豆及其制品。

7.2.24　黑豆

黑豆易壅热伤脾，不宜多食；小儿不宜多食；患有严重肝病、肾病、痛风者不宜食用；消化功能不良，有慢性消化道疾病者慎食。忌与蓖麻子同食，易致腹胀；忌与厚朴同食，易动气。

7.2.25　绿豆

不宜煮得过烂，否则会降低清热解毒的功效；脾胃虚弱者不宜多吃；服药，特别是服温补药时不要食用，否则会降低药效；未煮烂的绿豆腥味强烈，食后易恶心、呕吐；老人、病后体虚者不宜食用；不宜与狗肉、榧子同食，易致胃肠道不适。

7.2.26　扁豆

患寒热病以及疟疾者不可食；不宜生吃，否则可能出现食物中毒现象；不要食用放置过久的扁豆；不要在没有煮熟或者煮烂时食用。

7.2.27　豌豆

多食豌豆粒会发生腹胀，故不宜大量食用；许多优质粉丝是用豌豆等豆类淀粉制成的，但在加工时往往会加入明矾，如果大量食用会使体内的铝增加，从而影响健康。因此应避免大量食用加入明矾的粉丝；炒熟的干豌豆尤其不易消化，过食可引起消化不良、腹胀等。

7.2.28　四季豆

四季豆不能生食，四季豆必须煮透，才能食用，夹生四季豆不能吃，否则可能引起中毒；四季豆在消化吸收过程中会产生过多的气体，造成胀肚，消化功能不良、有慢性消化道疾病的人应尽量少吃。

7.3　常见水果食用禁忌

7.3.1　梨

慢性肠炎、胃寒、糖尿病患者忌食生梨。与鹅肉、萝卜、螃蟹等物均为寒凉之物，同食易伤阳气，导致腹泻等不良反应。

7.3.2　橘

风寒咳嗽、痰饮咳嗽者不宜食用；橘子忌与萝卜同食。与螃蟹、鳖肉、蛤蜊、牛奶同食，会在消化道内形成不溶性结合物，影响消化吸收；一次性吃过多，易口角生疮、口腔黏膜溃烂、咽干喉痛等。

7.3.3　芦柑

空腹时不宜生食；糖尿病患者慎食；柑性凉，脾胃虚寒、大便溏泄及咳嗽痰多者慎食。

7.3.4　桃

内热偏盛、易生疮疖者不宜多吃；桃含糖量高，糖尿病患者忌食；忌与烧酒、甲鱼同食；最好不要给婴幼儿喂食，因为桃中含有大量的大分子物质，婴幼儿肠胃透析能力差，无法消化，容易造成过敏反应；多病体虚、胃肠功能差者不宜食用，因为桃会增加肠胃的负担；吃桃会引发过敏，过敏者禁吃。

7.3.5　苹果

脘腹痞满者少食；肾炎和糖尿病患者不宜多吃；忌与水产品同食，会导致便秘。

7.3.6　柿子

不宜与海带、紫菜同食，否则会引起胃肠不适；不宜与酸菜、黑枣、酒同食，否则会产生结石；不宜与鹅肉、螃蟹、甘薯、鸡蛋同食，否则会引起呕吐、腹痛、腹泻等症状，严重者可导致胃出血，甚至危及生命；食用柿子前后不可食醋；忌与萝卜同食；食用柿子时应尽量少食柿子皮；柿饼表面的柿霜是柿子的精华，不要丢弃；糖尿病人、脾胃泄泻、便溏、体弱多病、产后、外感风寒者忌食；患有慢性胃炎、排空延缓、消化不良等胃动力功能低下者，或者胃大部切除术后不宜食用柿子；吃完柿子后要漱口，因为柿子含糖高，且含果胶，吃完柿子后总有一部分留在口腔里，特别是牙缝中，加上弱酸性的鞣酸，很容易对牙齿造成侵蚀，形成龋齿。

7.3.7　椰子

大便清泄者忌食椰肉；体内热盛者不宜常吃椰子；病毒性肝炎、脂肪肝、支气管哮喘、高血压、脑血管病、胰腺炎、糖尿病等患者忌食椰子。

7.3.8　柚子

高血压患者、气虚体弱者不宜多食；脾虚便溏者和糖尿病患者忌食。忌与过于寒凉的食物同食，如鸭蛋、田螺、香蕉等，否则寒性累加，易损伤脾胃。

7.3.9　荔枝

空腹忌食；低血糖忌食；阴虚火旺、有上火症状者不要吃荔枝，以免加重症状；阴虚所致的咽喉干疼、牙龈肿痛、鼻出血等症者忌用；荔枝一次不可过多食用，以免上火。忌与胡萝卜、动物肝脏等同食。

7.3.10　香蕉

香蕉性寒，虚寒腹泻、脾虚便溏者忌食；糖尿病、急性肾炎、慢性肠炎者忌食。忌与土豆、红薯、芋头等同食，脸上易生斑、面色黑。

7.3.11　石榴

石榴性温，实热积滞者忌食；矽肺、肺不张、支气管哮喘、肺脓肿者不宜食用；石榴有收敛作用，便秘者慎食；多食易生痰，且令人齿黑。忌与西红柿、螃蟹同食；易在肠道内形成不溶性沉淀物。

7.3.12　樱桃

樱桃性温，热病患者及虚热咳嗽者忌食；樱桃多食易伤筋骨，败气血，有寒热病的人不可多食。有溃疡症状、上火者慎食；糖尿病者忌食；过食会引起恶心呕吐、发虚热或痈疮等（可用甘蔗汁解之）；动物肝脏中富含矿物质铜等，易使樱桃内的维生素C被氧化破坏而不起作用。

7.3.13　葡萄

不宜与水产品同时食用，葡萄含有鞣酸，而水产品中富含蛋白质，两者在机体内结合形成不溶性物质，不能被人体消化吸收；吃葡萄后不能立即喝水，否则易引起腹泻；吃葡萄时最好连皮一起吃，因为葡萄很多营养成分都存于皮中；糖尿病人忌食葡萄；过食会引起内热、便秘或腹泻。

7.3.14　芒果

不宜与大蒜等辛辣食物同食，易导致黄疸；皮肤病、肿瘤、糖尿病患者应忌食；糖尿病、肾炎、皮肤病及肿瘤患者忌食，一般人也不宜大量食用；过敏体质者慎食。

7.3.15　番木瓜

孕妇和过敏体质人士不宜吃；北方木瓜，也就是宣木瓜，多用来治病，不宜鲜食。南方的番木瓜可以生吃，也可和肉类一起炖煮。过食对牙齿与骨骼有害；小便淋涩疼痛者忌食。

7.3.16　杨桃

脾胃虚寒及咳嗽痰白者甚食；肾脏病患者忌食，杨桃所含的特殊的物质容易堵塞患者的肾小管，加重病情；杨桃若以食疗为目的，不管食生果，还是饮汁，都不要冰凉或者加冰饮食；杨桃忌与生葱、鸭肉同食；忌与马兜铃、关木通等中药同食，因两者均具有肾毒性，同食易加剧肾脏损害。

7.3.17　西瓜

西瓜性寒，寒性体质、小便频数者忌食；慢性胃炎、肠炎及肠胃溃疡者忌食；一次不宜过食，否则易伤脾胃，引致腹痛或腹泻。糖尿病患者少食，建议两餐中食用；脾胃虚寒、湿盛便溏者不宜食用；忌与羊肉同食。

7.3.18　无花果

咳喘、咽喉肿痛、痔疮、便秘、乳汁不通等症者适宜，具有抑癌、抑菌、抗肿瘤及提高机体免疫力的作用。脾胃虚寒及腹痛便溏者忌食。

7.3.19　哈密瓜

不宜过多食用，否则易引起腹泻；脚气病、黄疸、腹胀、便溏、寒性咳喘患者以及产后、病后的人不宜多食；糖尿病人慎食。

参考文献

[1] 徐怀德.花卉食品[M].北京：中国轻工业出版社，2000.

[2] 孙远明，余群力.食品营养学[M].北京：中国农业大学出版社，2002.

[3] 武天龙.植物资源与营养保健学[M].上海：上海交通大学出版社，2008.

[4] 贾利蓉，赵志峰.保健食品营养[M].成都：四川大学出版社，2006.

[5] 王光慈.食品营养学[M].北京：中国农业出版社，2001.

[6] 王丽琼.果蔬贮藏与加工[M].北京：中国农业大学出版社，2008.

[7] 秦文.园艺产品贮藏加工学[M].北京：科学出版社，2012.

[8] 顾奎琴.花卉营养食品与食疗[M].北京：农村读物出版社，2002.

[9] 曹明菊，郑晓燕.我国食用花卉的研究现状及发展前景[J].南方农业：园林花卉版，2007，1（4）：56-58.

[10] 吴荣书，袁唯，王刚.食用花卉开发利用价值及其发展趋势[J].中国食品学报，2004，4（2）：100-104.

[11] 苏爱国，孙长花，张素华.食用花卉的营养价值及开发前景[J].中国食物与营养，2008（2）：19-21.

[12] 陈卫元.试论我国食用·药用花卉的市场开发[J].安徽农业科学，2008，36（30）：13128-13132.

[13] 陈慧，陈芳.食用花卉的利用概况及发展趋势[J].中国食品学报，2001，1（1）：61-63.

[14] 杨利.萱草属植物营养成分分析及品质评价[D].长春：吉林农业大学，2014.

[15] 戴豪良.饮食宜忌手册[M].上海：复旦大学出版社，2009.

[16] 佘志强，郭丽娜.从体质开始细说饮食宜忌[M].广州：南方日报出版社，2011.

[17] 朱复融.中华饮食营养与宜忌大全[M].广州：广州出版社，2013.

[18] 代敏.饮食宜忌搭配养生全说[M].上海：上海科学普及出版社，2014.

[19] 陈曦.常识蔬果疗效与禁忌速查手册[M].天津：天津科技大学出版社，2010.

[20] 翁维健.中医饮食营养学[M].上海：上海科学技术出版社，2008.